资助项目
山西神达晋环环保产业发展有限公司技术服务项目
山西大同大学乡村振兴专项"大同市乡村振兴生态研究（2021XCZXZ7）"项目

华北植物群落解析
与药用植物逆境生理

高 昆 ◎ 著

中国农业科学技术出版社

图书在版编目(CIP)数据

华北植物群落解析与药用植物逆境生理 / 高昆著. --北京：中国农业科学技术出版社，2025.8. --ISBN 978-7-5116-7608-5

Ⅰ.Q948.15；Q949.95

中国国家版本馆 CIP 数据核字第 2025QU8927 号

责任编辑	陶　莲
责任校对	王　彦
责任印制	姜义伟　王思文

出 版 者	中国农业科学技术出版社
	北京市中关村南大街 12 号　　邮编：100081
电　　话	(010) 82109705 (编辑室)　　(010) 82106624 (发行部)
	(010) 82109709 (读者服务部)
网　　址	https://castp.caas.cn
经 销 者	各地新华书店
印 刷 者	北京建宏印刷有限公司
开　　本	170 mm×240 mm　1/16
印　　张	12.25
字　　数	220 千字
版　　次	2025 年 8 月第 1 版　2025 年 8 月第 1 次印刷
定　　价	80.00 元

◆版权所有·翻印必究◆

作者简介

高昆，女，汉族，1970年8月生，山西大同人，1993年本科毕业于山西大学环境科学专业，2008年硕士毕业于山西大学黄土高原研究所生态学专业，现为山西大同大学农学与生命科学学院生物科学系副教授、高级工程师，具有环境影响评价工程师职业资格。主要从事植物生理学和生态学等课程的教学工作，研究方向为植物生理和植物生态学。近年来，主持和参与省市级科研项目5项，在《生态学报》《林业科学》《林业资源管理》《北方园艺》《种子》等学术期刊发表论文20余篇。参译《生物多样性测度》1部，参编《晋城市野生药用植物资源》和《小杂粮生产性实验实训》著作2部。

前　言

　　植被数量分析是研究植被生态学的重要手段，它为客观、准确地揭示植被、植物群落及植物与环境之间的生态关系提供合理、有效的途径，已成为国际上植被生态学最重要的研究内容之一。国内植被数量生态学的研究始于20世纪70年代，在分类、排序、生物多样性、种间关系、生态位、空间格局以及群落演替等方面取得了很大进展。

　　随着气候变化加剧，药用植物常面临非生物胁迫的威胁，如干旱、盐碱、极端温度、重金属等，导致产量和品质下降。研究逆境生理有助于揭示环境胁迫与药效成分合成的关联，通过抗逆机制研究，可筛选或培育抗逆品种，保障药材资源的可持续供应，缓解因环境恶化导致的药用资源短缺问题。

　　《华北植物群落解析与药用植物逆境生理》一书分上、下两篇，上篇"华北地区典型植物群落结构与动态规律"以华北地区典型植物群落——山西历山国家自然保护区山核桃群落为研究对象，采用植被数量生态学方法研究其生态关系，包括群落内物种间分离关系、群落物种多样性特征、优势种群生态位及群落的分类排序等，分析山核桃群落类型及其与环境间的数量关系，群落中物种间相互关系以及群落的发展动态，为山核桃种群恢复、物种保护及资源合理利用等提供理论依据。另外还对晋城野生药用种子植物进行了区系分析。下篇"药用植物逆境响应机制"主要介绍山西道地药材的研究概况，包括道地药材的种类及其在山西省各地的分布情况、有效成分及功效、分子生物学和抗性生理生态方面的研究成果。同时还介绍了锦灯笼、白花前胡、粉葛、紫背天葵、紫苏、紫花地丁和旱金莲等药用植物在干旱、盐、碱、重金属等胁迫下种子发芽指标、幼苗生理指标和光合指标的变化情况及其生理响应机制。

　　本书可为从事植物数量生态学和植物逆境生理生态的科学工作者提供参考。

　　在本书的完成过程中，非常感谢山西大学黄土高原研究所张峰教授给予的支持和帮助，也感谢山西大同大学农学与生命科学学院本科生林洪源、韦加幸、王佳琪、石义妃、柳晓春、曹艳东、李晓红、安水银、刘超、韩文慧、南禹瑶、冀中英等同学参与的试验与研究。

  本书得到了山西神达晋环环保产业发展有限公司技术服务项目和山西大同大学乡村振兴专项"大同市乡村振兴生态研究（2021XCZXZ7）"项目的经费资助。

  本书在编写过程中参考了大量科研文献，由于篇幅有限，只列出部分参考文献，在此特作声明，并向未列出文献的作者们致敬。由于作者研究水平有限，有不完善之处，恳请各位读者提出批评和指正。

高 昆

2025 年 7 月于山西大同大学

目 录

上篇　华北地区典型植物群落结构与动态规律

1　华北地区典型植物群落概况 ··· 3
   1.1　研究目的和意义 ··· 3
   1.2　研究区域自然地理概况 ··· 3
   1.3　研究进展 ··· 4
   参考文献 ··· 7

2　历山山核桃群落种间分离 ··· 11
   2.1　材料与方法 ··· 11
   2.2　结果与分析 ··· 14
   2.3　结论与讨论 ··· 16
   参考文献 ·· 18

3　历山山核桃群落物种多样性特征 ··· 20
   3.1　材料与方法 ··· 20
   3.2　结果与分析 ··· 22
   3.3　结论与讨论 ··· 26
   参考文献 ·· 26

4　历山山核桃群落优势种群生态位研究 ····································· 28
   4.1　材料与方法 ··· 28
   4.2　结果与分析 ··· 30
   4.3　结论与讨论 ··· 32
   参考文献 ·· 35

5　历山山核桃群落数量分类与排序 ··· 37
   5.1　材料与方法 ··· 37
   5.2　结果与分析 ··· 38
   5.3　结论与讨论 ··· 44

参考文献 45
6 晋城野生药用种子植物区系分析 46
　6.1 自然地理概况 46
　6.2 植物区系的基本组成 47
　6.3 野生药用植物属的区系成分分析 48
　6.4 野生药用植物种的区系成分统计分析 51
　6.5 结论 54
　　参考文献 54

下篇　药用植物逆境响应机制

7 山西道地中药材研究进展 59
　7.1 山西道地中药材及其分布 59
　7.2 山西道地中药材有效成分及功效研究 60
　7.3 山西道地中药材分子生物学研究 64
　7.4 山西道地中药材抗性生理生态研究 64
　7.5 展望 66
　　参考文献 66
8 干旱胁迫对锦灯笼种子萌发及幼苗生理特性的影响 77
　8.1 材料与方法 78
　8.2 结果与分析 79
　8.3 结论与讨论 83
　　参考文献 84
9 干旱胁迫对粉葛幼苗生长及生理特性的影响 86
　9.1 材料与方法 87
　9.2 结果与分析 88
　9.3 结论与讨论 93
　　参考文献 94
10 干旱胁迫对白花前胡种子萌发和幼苗生理特性的影响 96
　10.1 材料与方法 97
　10.2 结果与分析 98
　10.3 讨论 103
　10.4 结论 105

参考文献 … 105

11 Na_2SO_4 胁迫对紫苏种子萌发及其幼苗生理特性的影响 … 108
11.1 材料与方法 … 109
11.2 结果与分析 … 110
11.3 结论与讨论 … 116
参考文献 … 118

12 不同中性钠盐对紫背天葵幼苗生长和光合特性的影响 … 121
12.1 材料与方法 … 122
12.2 结果与分析 … 123
12.3 结论与讨论 … 130
参考文献 … 132

13 NaCl 胁迫对锦灯笼种子萌发和幼苗生理特征的影响 … 134
13.1 材料与方法 … 135
13.2 结果与分析 … 136
13.3 结论与讨论 … 141
参考文献 … 142

14 旱盐胁迫下旱金莲幼苗的生理指标和光合指标响应 … 144
14.1 材料与方法 … 145
14.2 结果与分析 … 146
14.3 结论与讨论 … 157
参考文献 … 157

15 碱胁迫对紫花地丁种子萌发及生理特性的影响 … 160
15.1 材料与方法 … 161
15.2 结果与分析 … 162
15.3 结论与讨论 … 166
参考文献 … 167

16 铜胁迫对粉葛幼苗生长及生理指标的影响 … 169
16.1 材料与方法 … 170
16.2 结果与分析 … 172
16.3 结论与讨论 … 179
参考文献 … 180

附录 植物名称及拉丁名检索 … 183

上 篇

华北地区典型植物群落结构与动态规律

1 华北地区典型植物群落概况

1.1 研究目的和意义

山核桃又名核桃楸（*Juglans mandshurica*），为我国特有种，系国家三级、山西省一级保护珍稀濒危植物[1,2]，该植物属胡桃科胡桃属植物，起源于第三纪及白垩纪，是被子植物中较古老的类群之一[1,2]。山西南部是该植物的分布中心之一，主产于太岳山、中条山、吕梁山和太行山南部等地[2]，在我国东北、西北、华北及河南省、山东省有零星分布。由于它是多用途经济树种，人类活动破坏严重，分布面积日趋减少，种群数量逐渐下降，处于濒危状态。此外，由于山核桃大都零散分布于落叶阔叶杂木林中，以山核桃为建群种的群落分布极少，难以引人注目，迄今为止相关的研究报道很少[3-5]。为此，笔者以山西历山分布的山核桃群落为对象，采用植被数量生态学方法研究其生态关系，包括群落内物种间分离关系、群落多样性、群落的分类排序等，探究山核桃群落类型及其与环境间的数量关系，群落中物种间相互关系以及群落的发展动态，为山核桃种群恢复、物种保护及资源合理利用等提供理论依据。

1.2 研究区域自然地理概况

1.2.1 地理位置

山西历山国家级自然保护区（以下简称"历山保护区"）是1983年经山西省批准建立的省级自然保护区，后于1988年经国务院批准晋升为国家级自然保护区，是中国华北地区重要的生态屏障。历山自然保护区位于山西省南部，地跨垣曲县、沁水县、翼城县、阳城县四县，地理坐标为35°16′30″N~35°27′30″N，111°51′10″E~112°31′35″E，属于中条山脉东段核心区域。东临黄河支流沇西河，西接沁河流域，北靠翼城舜王坪（主峰），南至阳城原始林区。主峰舜王坪海拔 2 358 m，是保护区的最高点。本次研究的山核桃群落位于山西历山西峡河漫滩和猪尾沟，地理坐标为 111°51′10″~112°05′35″E，35°16′30″~35°27′20″N。

1.2.2 气候

历山属暖温带大陆性季风气候，年平均气温 8~12 ℃，≥10 ℃ 的年积温为 4 160.4 ℃，7 月均温 26.1 ℃，1 月均温 -0.8 ℃，无霜期 180~200 d，年降水量 600~800 mm。

1.2.3 土壤和植被类型

历山的成土母质以结晶岩、变质岩和石灰岩为主，土壤类型自高往低垂直带谱为山地草甸土、棕色森林土、山地淋溶褐土和山地褐土[6]。

植被区划上，历山属于暖温带落叶阔叶林地带[6,7]，地形复杂，水热资源丰富，植被覆盖率较高，主要植被类型有侧柏（*Platycladus orientalis*）林、油松（*Pinus tabulaeformis*）林、栓皮栎（*Quercus variabilis*）林、华山松（*P. armandii*）林、辽东栎（*Q. liaotungensis*）林、白桦（*Betula platyphylla*）林、荆条（*Vitex negundo* var. *heterophylla*）灌丛、黄刺玫（*Rosa xanthina*）灌丛、连翘（*Forsythia suspensa*）灌丛、六道木（*Abelia biflora*）灌丛、三裂绣线菊（*Spiraea trilobata*）灌丛、白羊草（*Bothriochloa ischaemum*）草丛、苔草（*Carex* spp.）草甸和五花草甸等[8-10]。

1.3 研究进展

植被数量分析是研究植被生态学的重要手段，可为客观、准确地揭示植被、植物群落及植物与环境之间的生态关系提供合理、有效的途径，已成为国际上植被生态学最重要的研究内容之一。植被数量分析方法是 20 世纪 60 年代以后，随着电子计算机技术的迅猛发展而发展起来的，并且逐渐得到广泛应用。到 70 年代，国际上已经形成数量生态学的理论和方法体系，同时出现了大量新方法。80 年代以后，植被数量分析作为一个较完整、较系统的学科已进入了一个较为成熟的阶段。同时，数量分析方法的应用领域也被大大拓宽，从最初仅仅应用于森林、草原等植物群落的分类，逐渐推广到植被带、森林立地、生态型以及林型划分等领域。进入 21 世纪以后，在植被研究中，数量分析与 GIS 等技术的结合，为客观、准确地揭示植被与环境之间的生态关系提供了更为有效的途径[11]。国内植被数量生态学的研究始于20世纪70年代,在分类、排序、生物多样性、种间关系、生态位、空间格局以及群落演替等方面取得了很大进展。

1.3.1 种间分离研究进展

种间分离是指种间个体交错分布的程度,它以两个物种个体的邻体关系为基础[12]。种间分离的研究对于揭示群落物种间相互作用、群落组成与动态具有重要意义。目前国内外有关种间分离研究较少,相关研究有对同种个体的母-幼树之间[13]或雌-雄株之间[14]的种间分离研究,但对多物种群落内物种间的分离研究较少[15,16]。

研究种间分离的方法有最近邻体列联表法,最近邻体距离法[17]和$K(t)$方程法[18]。最近邻体列联表法以距离为基础研究物种间的空间分布关系,最近邻体距离法主要用于研究单种分布格局;$K(t)$方程法可以分析任意尺度下的种群空间分布格局和种间关系[19],因而得广泛应用。在过去的野外调查中,判定所有个体的最近邻体及其距离是极其费时、费力的工作,但随着地理信息系统(GIS)及其最近邻体分析模块在群落生态学中的引入,可以方便、快捷地获得任何大小、任何形状区域内所有个体的最近邻体及其距离。与研究两物种的种间分离方法最近邻体列联表相比,$N×N$最近邻体列联表方法更适合于多物种群落,它全部记录了样地内的所有个体,真实地反映了物种的空间分离关系,分析结果也更符合实际情况。

种间分离是多因素联合作用的结果,分离机制的研究,国外大多集中在动物特别是水生动物受某一个或几个因素(生境、食物、捕食、性别等)作用下形成的物种分离[20,21],进而分析其种间关系,对植物群落物种间分离机制的研究较少,若能从植物物种的内部因素包括初始者的定居、种子的散布方式、自疏及种内种间相互作用(竞争、他感)等和外部因素如生境异质,人为干扰等方面分析其分离机制,会更好地解释物种间的空间格局和种间的关系,这将是今后生态学研究应关注的问题。

1.3.2 植物群落多样性研究进展

物种多样性广义上是指地球上所有生物物种及其各种变化的总体,狭义上定义可依据研究的不同尺度(如基于特定区域特定生态系统或特定群落内的物种的多样性等)来确定。群落多样性是指生物群落在组成、结构、功能和动态方面表现出的异质性,其变化能清晰地显示群落种群的过程与环境的关系。植物多样性是人类赖以生存的条件和社会经济持续发展的基础，物种多样性则是生物多样性研究中的一个重要层次，既是遗传多样性分化的源泉又是生态系统多样性形成的基础[22]。

目前植物群落物种多样性研究内容多集中在植物群落物种多样性现状评价与分析、植物群落物种多样性的时空规律、群落物种多样性与生境因子的关系、干扰对物种多样性影响、多样性与稳定性等方面；同时物种多样性形成、演化及维持机制也是其主要研究内容。

物种多样性的测度按性质可划分为 4 类：物种丰富度指数、综合多样性指数、均匀度指数和生态优势度。广泛使用的丰富度指数有 Patrick 指数（1949）、Margalef 指数（1958）、Menhinick 指数（1964）。综合多样性指数最常用的有 Shannon 指数、Simpson 指数以及种间相遇概率（PIE）等。均匀度指数有目前普遍应用且效果良好的有 Pielou 指数（1975）和 Alatalo 指数[11]。

1.3.3 数量分类与排序研究进展

数量分类和排序是研究植物群落生态关系的重要数量方法。数量分类是用数学方法来完成分类过程，是根据各样方或植物种间的相似关系将其分成若干组，使组内的各样方或植物种相当相似，而组间的则尽量相异，从而实现植物群落的比较客观的分类，反映出一定的生态规律。数量分类最初广泛应用的是单元等级分类方法，包括关联分析（Association Analysis）和信息分析法（Information Analysis）。此后伴随着计算机技术的迅速发展，更客观的多元分析方法纷纷问世，如最近邻体法（Nearest-neighbor）、形心法（Centroid）、组平均法（Group Averaging）等多元聚合方法，其中组平均法被认为是最满意的方法之一。1979 年，Hill 等引入指示种分析法（Indicator species analysis）后经修改而成双向指示种分析法（Two—Way Indicators Species Analysis，TWINSPAN）。TWINSPAN 同时实现了样方和种的分类，结果更符合植被的自然分布规律，且有国际通用程序因而成为当今最主要的数量分类方法。近年来，模糊数学在植被生态学中的广泛应用，也产生了许多有效的方法，如模糊等级聚类、ISODATA（模糊 c-均值聚类）、模糊图论聚类和模糊编网法等[23-26]，但 TWINSPAN 在一定时期内仍将占主导地位[27]。

排序是现代植被分析的重要手段。它是将样方或植物种作为点在以属性为坐标轴的空间中按其相似关系把它们排列出来，从中发现植物种之间的分布格局，从而揭示出植物种之间或者种与环境之间的关系[22]。20 世纪 30 年代 Remensky 提出了排序的概念并发展了简单的排序方法,到 50 年代以后,涌现出许多排序方法,如加权平均法、直接梯度分析、极点排序、主分量分析、相互平均(RA)等,这些方法广泛应用于植被生态学研究。1980 年 Hill 和 Gauch 提出除趋势对应分析(DCA),它是由 RA 修改而来的,克服了 RA 的"弓形效应",提高了排序精度。一方面 DCA 可与回归分析、相关分析结合应用,使排序结果更容易解释;另一方面 DCA 能综合大量环境因子,因而又可与其他分类、排序方法结合应用,同时又有通用程序 DEC-ORANA 的存在,使得 DCA 成为现代植被生态学研究不可缺少的分析工具。典范对应分析(CCA)、除趋势典范对应分析(DCCA)、模糊数学排序(FSO)、典范主分量分析(CPCA)等的相继出现,促进了生态学的进一步发展。

1.3.4 历山植被研究进展

历山自然保护区是山西省面积最大的国家级自然保护区,也是生物多样性最为丰富的地区之一,其主要保护对象为暖温带森林植被和珍稀动物猕猴,属森林生态系统类型自然保护区,被誉为"山西省动植物资源的宝库"[28],因此,对历山保护区动植物资源的研究成果也颇多。陈姣等[29]研究结果显示历山保护区共有野生种子植物 1 246 种,分别隶属于 111 科 499 属,其中裸子植物 4 科 5 属 8 种,被子植物 107 科 494 属 1 238 种,现有国家一级保护植物 1 种,南方红豆杉;国家二级保护植物 2 种,连香树和野大豆;山西省省级重点保护植物 22 种[30]。张二芳等[31]发现地衣有 6 科 7 属 5 种,宋敏丽[32-35]研究了历山 44 属、78 种菊科野生植物在药用、食用和观赏等 3 方面的经济价值。李光耀等[36]对历山具有观赏价值的毛茛科植物的资源利用与开发进行了研究,刘晓玲等[37]从藤本植物的种类组成、生活型、攀缘方式、生态功能以及经济价值等方面分析了历山家自然保护区藤本植物的多样性。王惠玲[38]对历山保护区药用蕨类植物的地理分布、药用部位、药用价值进行了研究。植被特征和群落方面的研究成果有王刚狮等[39]的历山国家级自然保护区混沟植被群落特征以及吴萍萍[40]的山西历山千金榆群落物种多样性研究。

参考文献

[1] 宋朝枢,徐荣章,张清华.中国珍稀濒危保护植物[M].北京:

中国林业出版社，1989：100-103.

[2] 上官铁梁，马子清，谢树莲. 山西省珍稀濒危保护植物 [M]. 北京：中国科学技术出版社，1998：20-21.

[3] 毕润成. 山西霍山山核桃群落生态特征及其区系分析 [J]. 应用生态学报，1999，10 (6)：650-656.

[4] 刘任涛，毕润成，闫桂琴. 山西稀有濒危植物山核桃种群动态与谱分析 [J]. 武汉植物研究，2007，25 (3)：255-260.

[5] 马钦彦，蔺琛，韩海荣，等. 山西太岳山核桃楸光合特性的研究 [J]. 北京林业大学学报，2003，25 (1)：14-18.

[6] 张建民，张峰，樊龙锁. 山西历山种子植物区系研究 [J]. 植物研究，2002，22 (4)：444-452.

[7] 茹文明，张峰. 山西中条山东部种子植物区系分析 [J]. 山西大学学报（自然科学版），2000，23 (1)：82-87.

[8] 茹文明，张峰. 中条山东段植被垂直带的数量分类研究 [J]. 应用与环境生物学报，2000，6 (3)：201-205.

[9] 张金屯，张峰，上官铁梁. 中条山植被垂直带谱再分析 [J]. 山西大学学报（自然科学版），1997，20 (1)：76-79.

[10] 茹文明，张金屯，张峰，等. 历山森林群落物种多样性与群落结构研究 [J]. 应用生态学报，2006，17 (4)：561-566.

[11] 张金屯. 植被数量生态学方法 [M]. 北京：中国科学技术出版社，1995，30-220.

[12] PIELOU E C. Segregation and symmetry in two-species populations as studied by nearest neighbor relationships [J]. Journal of Ecology, 1961, 49: 255-269.

[13] HAMILL D N, WRIGHT S J. Testing the dispersion of juveniles relative to adults: a new analytic method [J]. Ecology, 1986, 67: 952-957.

[14] BAWA K S, OPLER P A. Spatial relationship between staminate and pistillate plants of dioecious tropic forest trees [J]. Evolution, 1977, 31: 64-68.

[15] 戴小华，余世孝，练琚蒣. 海南岛霸王岭热带雨林的种间分离 [J]. 植物生态学报，2003，27 (3)：380-387.

[16] 张殷波，张峰. 翅果油树（*Elaeagnus mollis*）群落的种间分离

[J]. 生态学报, 2006, 26 (3): 737-742.
- [17] DIGGLE P J. Statistical analysis of spatial point patterns [M]. London: Academic Press, 1983: 1-148.
- [18] RIPLEY B D. Spatial statistics [M]. New York: John Wiley Sons: 1981.
- [19] 张金屯. 植物种群空间分布的点格局分析 [J]. 植物生态学报, 1998, 22 (4): 344-349.
- [20] PLATELLM E, POTTER I C, CLARKE K R. Resource partitioning by four species of elasmobranchs (Batoidea: Urolophidae) in coastal waters of temperate Australia [J]. Marine Biology, 1998, 131: 719-734.
- [21] FRANKE H D, GUTOW L, JANKE M. Flexible habitat selection and interactive habitat segregation in the marine congeners *Idotea baltica* and *Idotea marginata* (Crustacea, Isopoda) [J]. Marine Biology, 2007, 150: 929-939.
- [22] HEDRICK P W. Population Biology [M]. New York: Jones and Barlett Publishers Inc, 1984: 85-106.
- [23] 张峰, 上官铁梁. 山西省绵山植被的模糊图论分类研究 [J]. 山西大学学报（自然科学版）, 1986, 9 (3): 73-79.
- [24] 张峰, 上官铁梁. 模糊图论在山西植被区划中的应用 [J]. 植物生态学与地植物学学报, 1991, 15 (1): 94-100.
- [25] 张峰, 景周管. 模糊数学在我国生态学中的应用 [J]. 山西大学学报（自然科学版）, 1991, 14 (3): 321-326.
- [26] 张峰, 李素珍. 逐步聚类与模糊c-均值聚类的比较研究 [J]. 山西大学学报（自然科学版）, 1998, 21 (1): 97-100.
- [27] 张峰. 历山自然保护区猪尾沟森林群落数量生态研究 [D]. 杨凌: 山西大学, 2001.
- [28] 马晓勇, 赵娜, 李晓婷. 2000—2010年山西历山国家级自然保护区森林植被动态分析 [J]. 环境生态学, 2019, 1 (7): 45-52.
- [29] 陈姣, 廉凯敏, 张峰, 等. 山西历山保护区野生种子植物区系研究 [J]. 山西大学学报（自然科学版）, 2012, 35 (1): 151-157.
- [30] 卢景龙. 历山自然保护区珍稀濒危植物及其保护 [J]. 山西大学学报（自然科学版）, 2009, 32 (3): 483-486.

[31] 张二芳,杜京旗,张宁,等.历山自然保护区地衣的种类和结构初探[J].山西农业大学学报(自然科学版),2014,34(1):50-52.

[32] 宋敏丽.历山自然保护区菊科野生植物资源研究[J].太原师范学院学报(自然科学版),2013,12(2):133-135,144.

[33] 宋敏丽.山西历山国家自然保护区菊科野生植物资源及其多样性研究[J].广东农业科学,2013,40(1):178-180.

[34] 宋敏丽.山西历山国家自然保护区菊科野生观赏植物资源[J].北方园艺,2012(3):89-92.

[35] 宋敏丽.山西历山国家自然保护区菊科野生药用植物资源调查[J].河南农业科学,2012,41(1):134-136,141.

[36] 李光耀,石绍福,程朝霞.山西历山自然保护区毛茛科观赏植物资源研究与开发利用[J].安徽农学通报,2019,25(1):132-134.

[37] 刘晓铃,谢树莲,陈丽.山西历山自然保护区藤本植物资源研究[J].山西大学学报(自然科学版),2007(4):544-549.

[38] 王惠玲.山西历山自然保护区药用蕨类植物的研究[J].太原师范学院学报(自然科学版),2013,12(4):138-141.

[39] 王刚狮,张海军,王志敏,等.历山国家级自然保护区混沟植被群落特征[J].林草资源研究,2024(3):144-152.

[40] 吴萍萍.山西历山千金榆群落物种多样性研究[J].植物研究,2018,38(2):195-200.

2 历山山核桃群落种间分离

种间分离是指种间个体交错分布的程度,它以两个物种个体的邻体关系为基础[1]。在很大程度上种间分离与种间关联或相关有联系。种间分离与种间、种内相互作用的关系密切,反映了两个物种相互混杂的程度。物种间相互混杂程度越小,种间分离程度就越大,如果两个物种是随机混合的,则认为它们不分离;如果两个物种倾向于独立成丛,同种混杂多于异种混杂,种对发生正分离;如果它们倾向于彼此混杂,异种混杂远多于同种混杂,种对发生负分离[1],种间分离的研究对于揭示群落物种间相互作用、群落组成与动态具有重要意义。目前国内外有关种间分离研究较少,相关研究有对同种个体的母-幼树之间[2]或雌-雄株之间[3]的种间分离研究,但对多物种群落内物种间的分离研究较少[4,5]。

采用最近邻体法和 $N \times N$ 最近邻体列联表及其 2×2 截表的方法,应用 Pielou 分离指数和 χ^2 检验研究山核桃群落内物种间的分离规律,同时应用 χ^2 检验对群落所有物种的全面分离规律进行了研究,这对于了解山核桃群落中物种间相互关系以及群落的发展动态,保护山核桃资源具有一定的科学意义。

2.1 材料与方法

2.1.1 取样

2006 年 5 月在历山西峡和猪尾沟进行野外调查,样方面积 10 m×10 m,共调查记录 35 个样方。记录指标包括每个样方内所有乔木和灌木(基径 ≥ 1 cm)的种名、编号、基径、树高、坐标(X, Y),木本植物和草本植物的盖度和高度,以及群落总盖度、乔木层盖度、灌木层盖度和草本层盖度等。共记录了 25 种木本植物,727 个植株。

作样方中基径 ≥1 cm 的乔木和灌木分布图时,先固定某一个植株为基株,然后测量基株与其附近所有个体的距离,最后,根据每一植株的坐标绘制它们的分布图。

2.1.2 数据分析

记录的25个物种,构成300个种对。在分布图中把每一个植株分别定为基株,应用最近邻体法判定每一个个体的最近邻体植株。

2.1.2.1 构造 $N×N$ 最近邻体列联表和截取 $2×2$ 最近邻体列联表

张金屯[6]介绍了用于计算多物种群落总体分离的 $N×N$ 最近邻体列联表,但基株是随机选取的,并非全体取样。而 Pielou[1] 的 $2×2$ 最近邻体列联表中,基株涵盖了群落的所有个体,为了研究多物种群落的种间分离,并且基株包含样方中记录的所有个体,将 Pielou 的 $2×2$ 最近邻体列联表进行扩展,就可以得到一个 $N×N$ 最近邻体列联表(表2-1)[4]。在计算两种间的分离指数时再进行截取,就可以得到两个种间的 $2×2$ 最近邻体列联表(表2-2)。

表2-1　$N×N$ 最近邻体列联表

基株	最近邻体					
	种1 S_1	种2 S_2	种3 S_3	…	种k S_k	总计
种1 S_1	n_{11}	n_{12}	n_{13}	…	n_{1k}	f_1
种2 S_2	n_{21}	n_{22}	n_{23}	…	n_{2k}	f_2
…	…	…	…	…	…	…
种k S_k	n_{k1}	n_{k2}	n_{k3}	…	n_{kk}	f_k
总计	S_1	S_2	S_3	…	S_k	N

注:k:样地中总物种数;n_{ij}:种 i 个体的最近邻体是种 j 的个体的数目;N:样方内所有个体的总和;f_i:种 i 的个体数;S_i:以种 i 为最近邻体的个体数。

表2-2　$2×2$ 最近邻体列联截表

基株	最近邻体		
	种i S_i	种j S_j	总计
种i S_i	n_{ii}	n_{ij}	$n_{ii}+n_{ij}$
种j S_j	n_{ji}	n_{jj}	$n_{ji}+n_{jj}$
总计	$n_{ii}+n_{ji}$	$n_{ij}+n_{jj}$	$N=n_{ii}+n_{ij}+n_{ji}+n_{jj}$

注:* 字母含义同上。

2.1.2.2 χ^2 检验

两个物种是否存在分离,应用 2×2 列联表的 χ^2 检验(经过连续性矫正)来判断:

$$\chi^2 = \sum_{i=1}^{m} \frac{(|O_i - T_i| - 0.5)^2}{T_i^2} \quad df = 1 \qquad (2-1)$$

式中:O_i 为 n_i 实测值;T_i 为 n_i 的理论值。

当 n_{ii},n_{jj},n_{ij} 和 n_{ji} 中的任意一个理论值小于 5 时,用 2×2 列联表的精确检验:

$$P(k) = \frac{(n_{ii} + n_{ij})! \ (n_{ji} + n_{jj})! \ (n_{ii} + n_{ji})! \ (n_{ij} + n_{jj})!}{N! \ n_{ii}! \ n_{ij}! \ n_{ji}! \ n_{jj}!} \qquad (2-2)$$

对于任一 2×2 列联表,精确检验首先按式(2-2),求出 P(1)。然后在保持行、列总数(a+b, c+d, a+c, b+d)不变的前提下,将表中最小的值(min {a, b, c, d}),逐个降低直到为 0,每降低一次按照式(2-2)求 P(2)、P(3)…P(k)…。$P = \sum_{k=1}^{m} P(k)$ 即为 2×2 列联表精确检验的结果[6]。

2.1.2.3 种间分离指数

采用 Pielou 的分离指数(S)计算公式来计算种间的分离程度[6]。

$$S = 1 - \frac{N_{ij}(n_{ij} + n_{ji})}{(n_{ii} + n_{ij})(n_{ij} + n_{jj}) + (n_{ji} + n_{jj})(n_{ii} + n_{ji})} = \frac{2(n_{ii}n_{jj} - n_{ij}n_{ji})}{(n_{ii} + n_{ij})(n_{ij} + n_{jj}) + (n_{ji} + n_{jj})(n_{ii} + n_{ji})} \qquad (2-3)$$

在计算分离指数时,如果 n_{ij} 等于 0,给这些 n_{ij} 加权 0.001,这样做既可以防止式(2-3)中出现分母为 0 的情况[7],也更接近自然状态。

2.1.2.4 N×N 种对间的全面分离指数

除了上述对群落内两两物种之间的分离规律分析外,根据张殷波等[5]提出的全面分离这一概念,用 χ^2 检验对 25×25 最近邻体列联表进行分析,判断群落中所有物种间的分离规律,即是全面分离还是不全面分离。

2.2 结果与分析

2.2.1 计算 2×2 列联表的 χ^2 值

通过计算 2×2 列联表的 χ^2 值，得出：25 个物种组成的 300 个种对中，存在显著分离的有 294 对（$P>0.05$），不显著分离的有 6 对（$P<0.05$）。

2.2.2 χ^2 值和分离指数 S 之间的关系

分离指数 S 的值变化于 -1 和 $+1$ 之间，$P=1$，$n_{ii}n_{jj}-n_{ij}n_{ji}=0$，$-1<S<0$，其中包括三种情况：①$n_{ii}=n_{jj}=n_{ij}=n_{ji}=0$ 时，$S=-1$，两个物种之间是随机毗邻的；②$n_{ii}=n_{ji}=n_{ij}=0$，且 $n_{jj}\neq 0$ 或 $n_{ij}=n_{ji}=n_{jj}=0$ 且 $n_{ii}\neq 0$，$-1<S<0$，两物种发生完全正分离；③n_{ii}、n_{jj}、n_{ij} 和 n_{ji} 中有任意两个为 0 时，$-1<S<0$，两个物种发生负分离。当 $0.05<P<1$，$n_{ii}n_{jj}-n_{ij}n_{ji}>0$ 时，$0<S<1$，两个物种发生正分离，$n_{ii}n_{jj}-n_{ij}n_{ji}<0$ 时，$-1<S<0$，两个物种发生负分离，$n_{ii}n_{jj}-n_{ij}n_{ji}=0$ 时，$S=0$，两物种随机毗邻。当 $P<0.05$，$0<S<1$，且 $n_{ii}n_{jj}-n_{ij}n_{ji}>0$ 时，两物种随机毗邻。

因此，结合 χ^2 检验结果对 S 进行区间划分得到表 2-3 的结果：山核桃群落中正分离种对 112 对，负分离种对 28 对，随机毗邻种对 160 对（154 对 $P>0.05$，6 对 $P<0.05$）。

表 2-3 山核桃群落 25 种植物种间分离的类型和比例

正分离	负分离	随机毗邻
112 对	28 对	160 对
37.34%	9.33%	53.33%

2.2.3 两两物种间的分离情况

种间分离的结果可用星座图（图 2-1）表示，实线表示正分离，虚线表示负分离，如果没有实线或虚线则表示随机毗邻。

由图 2-1 可见，种间分离在不同种之间存在一定差异。茶条槭、杜梨、虎榛子几乎与其他所有物种间形成正分离，土庄绣线菊仅与山桃、漆树、葱皮忍冬形成负分离，而与其他物种形成正分离，稠李、北京华楸、小叶鼠

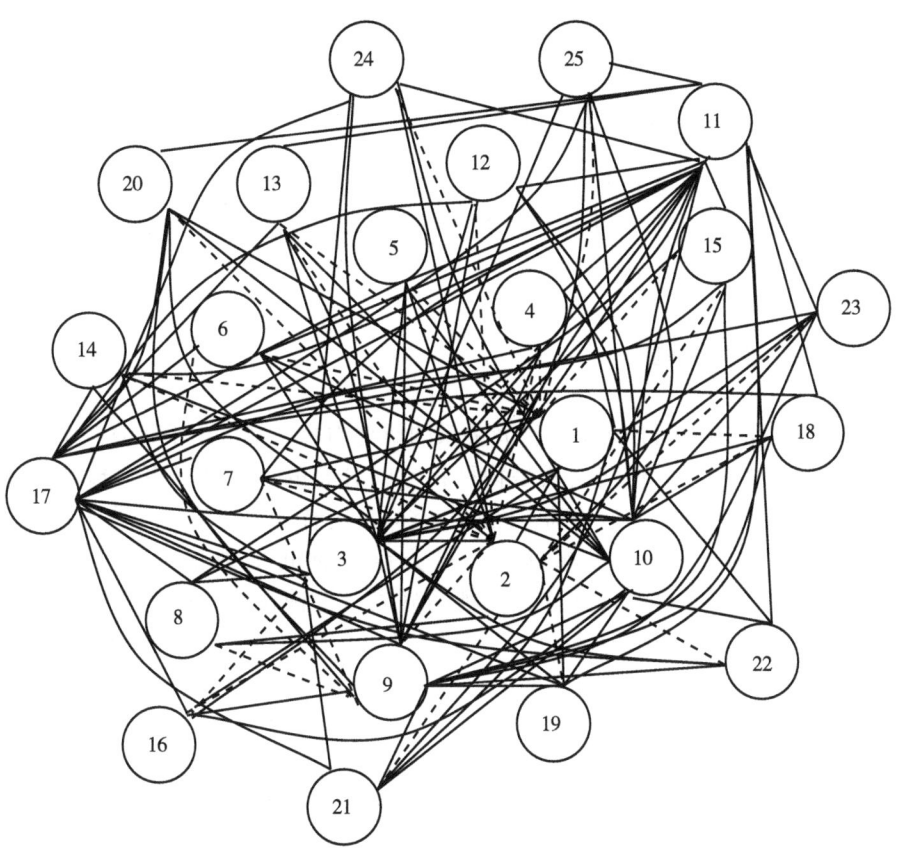

图 2-1 山核桃群落 25 个物种的种间分离星座图

——正分离 ----负分离

1. 山核桃 *Juglans mandshurica*；2. 连翘 *Forsythia suspensa*；3. 北京丁香 *Syringa pekinensis*；4. 金花忍冬 *Lonicera chrysantha*；5. 鼠李 *Rhamnus davurica*；6. 山桃 *Amygdalus davidiana*；7. 葱皮忍冬 *Lonicera ferdinandii*；8. 漆树 *Toxicodendron verniciflum*；9. 土庄绣线菊 *Spiraea pubescens*；10. 茶条槭 *Acer ginnala*；11. 杜梨 *Pyrus betulifolia*；12. 鞘柄菝葜 *Smilax stans*；13. 大果榆 *Ulmus macrocarpa*；14. 牛奶子 *Elaeagnus umbellata*；15. 榆 *Ulmus pumila*；16. 山楂 *Crataegus pinnatifida*；17. 虎榛子 *Ostryopsis davidiana*；18. 灰栒子 *Cotoneaster acutifolius*；19. 山荆子 *Malus baccata*；20. 糙叶五加 *Acanthopanax henryi*；21. 稠李 *Padus racemosa*；22. 小叶鼠李 *Rhamnus parvifolia*；23. 小叶鹅耳枥 *Carpinus turczaninowii* var. *stipulata*；24. 北京花楸 *Sorbus discolor*；25. 卫矛 *Euonymus alatus*。

李、山楂等与大部分物种形成随机毗邻。从群落的类型来看，发生正分离的物种大多是群落的优势种或建群种，它们的个体相对较多，盖度高，对生境的适应性和竞争能力比较强，因此容易形成正分离。发生负分离的物种常是群落中的优势种和一些伴生种，伴生种相对个体少，盖度低，与优势种具有相似的生境要求，激烈的竞争使得它们互相交错分布来充分利用资源。

2.2.4 所有种对之间的全面分离

对 25×25 列联表进行了 χ^2 检验，结果为：$\chi^2 = 1.701 \times 10^{38}$，$df = 576$，$\chi^2 > \chi^2_{0.01}$。所以认为所有种对不是全面分离的，也就是说 25 个物种相互随机毗邻，从而得出群落中物种的总体分离情况是全面不分离的。

2.3 结论与讨论

种间关联和种间分离都是种间关系的研究内容，都可用于研究两个物种的空间分布关系[7]。种间关联是物种在空间分布的关联性，更多地与生境关联。它的测定以样方为基础，因此与空间尺度有着密切关系，受样方大小和间隔的影响很大[8]。一般来说，样方越大种间呈现正关联（或正相关）的种对数就越多；反之亦然。种间分离是物种在空间相互交错分布的程度，它的测定以距离为基础，不受样方大小、间隔甚至形状的影响，可以更准确地反映群落中各物种之间的空间关系。因此，它所反映的种间关系更客观。

种间分离往往依据分离指数来判断种间分离的程度，但对分离指数区间的划分是人为确定的[4]。戴小华等[4]在种间分离研究过程中对 S 值做了更具体的区间划分，规定：当 $0.7 \leq S \leq 1$ 时两个物种为正分离，当 $-1 \leq S \leq -0.7$ 时为负分离即两个物种倾向于彼此为邻，当 $-0.7 < S < 0.7$ 时为既非正分离也非负分离的随机毗邻种对。这种划分方法是基于个人的经验，缺乏统计学的理论依据。这样一来，不同的学者对同样的分离指数划分的区间可能不完全相同，就必然会出现难以判断甚至相互矛盾的情况。为了克服这一不足，笔者在获得种间分离指数的基础上，结合 χ^2 检验的结果对分离指数的区间进行划分，这样划分的区间具有统计学意义，也比较更切合实际。

自 Pielou 提出应用 χ^2 检验判断两个种间的分离程度是否显著[1]的方法以来，在实际研究中应用较少。柴勇等对莱阳河自然保护区岭罗麦（*Tarennoidea wallichii*）、光序肉实树（*Sarcosperma kachinense* var. *simondii*）群落中树种的种间分离研究[8]应用了 χ^2 适合性检验，但存在如下不足：①2×2 列联表的自由度有误（$df=3$）。2×2 列联表的 $df = (r-1)(c-1)$（r、c 分别是列联表的行数和列数）$= (2-1)(2-1) = 1$，而不是 3。当 $\chi^2_{0.05} = 7.81$

($df=3$) 远比 $\chi^2_{0.05}=3.84$ ($df=1$) 要大, 这样两个种间本来是负分离或者正分离的关系, 由于用了较大的、错误的 $\chi^2_{0.05}=7.81$ 值, 可能得到随机毗邻的错误结论, 曲解了两个种间的内在联系。②对于 2×2 列联表错误的应用了没有经过连续性校正的公式:

$$\chi^2 = \sum_{i=1}^{m} \frac{(O_i - T_i)^2}{T_i^2} \tag{2-4}$$

由于式 (2-4) 没有经过连续性校正, 因此按照式 (2-4) 计算出来的 χ^2 必然偏大, 这完全有可能导致得出不正确的结论。③对于 2×2 列联表中某个理论值 (T_i) = 0 时, 赋加权值 1, 则计算出来的 χ^2 必然偏大。因此, 当 n_{ii}、n_{jj}、n_{ij} 和 n_{ji} 中的任意一个理论值小于 5 时, χ^2 值应用 2×2 列联表的精确检验法[9]。

对于种间分离规律的研究, 也可以判定群落的演替阶段。在群落演替的早期, 负分离或正分离较多; 负分离可能是由于不同植物的种子散播在一起而成丛, 正分离则可能是因为生境异质性或者种子散播在母树附近而导致同种植物呈聚集分布。随着群落演替的进展, 种内竞争和不同物种由于资源利用性竞争以及不适生境导致的自然稀疏等因素的共同作用, 使得种间分离减少[10]。到了成熟群落阶段, 种间关系已趋于稳定, 负分离出现的机会很少[11]。本研究研究的山核桃群落, 位于历山的西峡河漫滩和猪尾沟, 群落处于不稳定阶段。这是由于处于沟谷和河漫滩, 一方面山体岩石风化程度严重, 偶有岩石崩塌以及雨季河水上涨导致的洪水冲刷, 可能导致植物幼苗被掩埋, 或植物种子随水流冲刷而难以定居和萌发。这从我们调查的物种基径数据可以看出, 大部分的基径都在 1~5 cm, 大于 5 cm 的植株极少。另一方面, 旅游和放牧干扰也是造成群落不稳定的重要原因之一。由于近年来在历山旅游业发展较快, 人类活动对植被践踏导致植被结构遭到破坏, 大牲畜 (主要是牛) 放牧的啃食导致了乔木和灌木的幼苗难以正常生长, 增加了群落的不稳定性。从我们的研究结果也可以看出, 正分离所占比例相对较大 37.34%。这与 Pielou[10] 的结果基本一致。

以距离为基础研究种间分离的方法除最近邻体列联表[1]外, 还有最近邻体距离法[12]和 K (t) 方程法[13], 最近邻体距离法主要用于研究单种分布格局, K (t) 方程法可以分析任意尺度下的种群空间分布格局和种间关系[14], 因而得广泛应用。在过去的野外调查中, 判定所有个体的最近邻体及其距离是极其费时、费力的工作, 但随着地理信息系统 (GIS) 及其最近邻体分析模块在群落生态学中的引入, 我们可以方便、快捷地获得任何大小、任何形状区域内所有个体的最近邻体及其距离。与研究两物种的种间分离方法最近邻体列联表相比，$N×N$最近邻体列联表方法更适合于多物种群落，它全部记录了样地内的所有个体，真实地反映了物种的空间分离关系，分析结果也更符合实际情况。

种间分离是多因素联合作用的结果，分离机制的研究，国外大多集中在动物特别是水生动物受某一个或几个因素（生境、食物、捕食、性别等）作用下形成的物种分离[15,16]，进而分析其种间关系，对植物群落物种间分离机制的研究较少，若能从植物物种的内部因素包括初始者的定居、种子的散布方式、自疏及种内种间相互作用（竞争、他感）等和外部因素如生境异质，人为干扰等方面分析其分离机制，会更好地解释物种间的空间格局和种间的关系，这将是今后生态学研究应关注的问题。

参考文献

[1] PIELOU E C. Segregation and symmetry in two-species populations as studied by nearest neighbor Relationships [J]. Journal of Ecology, 1961, 49: 255-269.

[2] HAMILL D N, WRIGHT S J. Testing the dispersion of juveniles relative to adults: a new analytic method [J]. Ecology, 1986, 67: 952-957.

[3] BAWA K S, OPLER P A. Spatial relationship between staminate and pistillate plants of dioecious tropic forest trees [J]. Evolution, 1977, 31: 64-68.

[4] 戴小华，余世孝，练琚蕍. 海南岛霸王岭热带雨林的种间分离 [J]. 植物生态学报，2003，27（3）：380-387.

[5] 张殷波，张峰. 翅果油树（*Elaeagnus mollis*）群落的种间分离 [J]. 生态学报，2006，26（3）：737-742.

[6] 张金屯. 植被数量生态学 [M]. 北京：中国科学技术出版社，1995，87-89.

[7] 王伯荪，余世孝，彭少麟，等. 植物群落学试验手册 [M]. 广州：广东高等教育出版社，1996.

[8] 柴勇，李玉媛，司马永康. 莱阳河自然保护区岭罗麦、光序肉实树群落中树种的种间分离 [J]. 云南植物研究，2005，27（2）：

149-155.

[9] 张峰,上官铁梁.山西翅果油树群落种间关系的数量分析[J].植物生态学报,2000(3):17-20.

[10] PIELOU E C. Mathematical ecology [M]. New York: John Wiley & Sons, 1977, 1-385.

[11] COOMES D A, Rees M, Turmbull L. Identifying aggregation and association in fully mapped spatial data [J]. Ecology, 1999, 80: 554-565.

[12] DIGGLE P J. Statistical analysis of spatial point patterns [M]. London: Academic Press, 1983, 1-148.

[13] RIPLEY B D. Spatial statistics [M]. New York: Wiley, 1981.

[14] 张金屯.植物种群空间分布的点格局分析[J].植物生态学报,1998,22(4):344-349.

[15] PLATELL M E, POTTER I C, CLARKE K R. Resource partitioning by four species of elasmobranchs (Batoidea: Urolophidae) in coastal waters of temperate Australia [J]. Marine Biology, 1998, 131: 719-734.

[16] FRANKE H D, GUTOW L, JANKE M. Flexible habitat selection and interactive habitat segregation in the marine congeners *Idotea baltica* and *Idotea emarginata* (Crustacea, Isopoda) [J]. Marine Biology, 2007, 150: 929-939.

3 历山山核桃群落物种多样性特征

物种水平的生物多样性即为物种多样性，指一个地区内物种的多样化，包括一个群落中物种的数目、各物种的个体数目及均匀程度。它不仅反映群落或生境中物种的丰富度、分布格局，也反映环境因子与群落的相互关系，因此，可以用物种多样性直接和间接地来表征群落和生态系统的特征，包括群落和生态系统的结构类型、组织水平、发展阶段、生境差异及生产力等[1]。由于物种多样性涉及群落的稳定性和生产力，与人类的生存发展息息相关，同时物种多样性的空间分布格局以及控制这些格局的生态因子，是保护生物学研究的基础，因而物种多样性成为现代生态学研究的中心课题之一。

采用 Patrick 指数、Simpson 指数、Shannon 指数、Pielou 指数、Alatalo 指数 5 个指数研究历山保护区山核桃群落的物种多样性，以期了解其群落类型、物种组成、演化及维持机制，为山核桃群落多样性保护和可持续利用提供科学依据。

3.1 材料与方法

3.1.1 野外调查

2006 年 5 月在历山西峡河漫滩和猪尾沟设样地调查，调查区域的海拔 1 480~1 570 m。森林群落样方面积 10 m×10 m，并在每个样方内取 4 m×4 m 的灌木样方和 1 m×1 m 的草本样方各 1 个，分别记录乔木的高度、冠幅、胸径，灌木高度、盖度和多度，草本高度和盖度，同时记录环境特征包括海拔、坡度、坡向及干扰情况等。共记录 35 个样方，99 个种，得到 35×99 的原始数据矩阵。

3.1.2 数据处理

采用重要值（Ⅳ）作为各物种在群落中的优势度指标。
乔木、灌木和草本的重要值分别用下式计算：

$$乔木重要值 = （相对盖度+相对频度+相对优势度）/3 \quad (3-1)$$
$$灌木重要值 = （相对盖度+相对高度）/2 \quad (3-2)$$
$$草本重要值 = 相对盖度 \quad (3-3)$$

3.1.3 群落类型划分

采用 TWINSPAN 及传统分类方法对35个样方进行分类，划分为7个群丛，分别为：

Ⅰ 山核桃 - 连翘 - 升麻群丛（Ass. *Juglans mandshurica - Forsythia suspense-Cimicifuga foetida*）；Ⅱ 山核桃-连翘+牛奶子-蓝萼香茶菜群丛（Ass. *Juglans mandshurica-Forsythia suspense+Elaeagnus suspense-Rabdosia japonica var. glaucocalyx*）；Ⅲ 山核桃-连翘-草乌头群丛（Ass. *Juglans mandshurica- Forsythia suspense-Aconitum kusnezoffii*）；Ⅳ 山核桃-连翘-香薷群丛（Ass. *Juglans mandshurica-Forsythia suspense-Elsholtzia ciliata*）；Ⅴ 山核桃-连翘-披针叶苔草+筋骨草群丛（Ass. *Juglans mandshurica-Forsythia suspense-Carex anceolata+Ajuga ciliata*）；Ⅵ 山核桃 - 连翘 - 风毛菊+牛尾蒿群丛（Ass. *Juglans mandshurica-Forsythia suspense -Saussurea davidii+Artemisia subdigitata*）；Ⅶ 山核桃-连翘-藜芦群丛（Ass. *Juglans mandshurica -Forsythia suspense-Veratrum nigrum*）。

3.1.4 多样性测度

本研究用重要值作为数量指标，应用如下指数[2]测度山核桃群落的物种多样性：

（1）丰富度指数：

$$R_0 = S \quad (3-4)$$

（2）多样性指数：

Simpson 指数 $\quad \lambda = \sum_{i=1}^{s} N_i(N_i - 1) / [N(N-1)] \quad (3-5)$

Shannon 指数 $\quad H' = -\sum_{i=1}^{s} [(N_i/N)/\ln(N_i/N)] \quad (3-6)$

（3）均匀度指数：

$$E_1 = H'/\ln(s) \tag{3-7}$$
$$E_2 = (1/\lambda - 1)/(e^{H''} - 1) \tag{3-8}$$

式中：S 为每个样方内出现的种数；N 为 S 个种的全部重要值之和；N_i 为第 i 个种的重要值。

根据分类结果，在每个群丛中将所含的各样方的多样性指数求平均值，即得到每个群丛的多样性指数。同时再求出各群丛灌木层和草本层的多样性指数。

3.2 结果与分析

3.2.1 物种多样性与群落类型的关系

根据 TWINSPAN 分类，并结合其生态意义将山核桃群落 35 个样方分为 7 个群丛，代表 7 个群落类型，各群落的多样性指数见图 3-1。

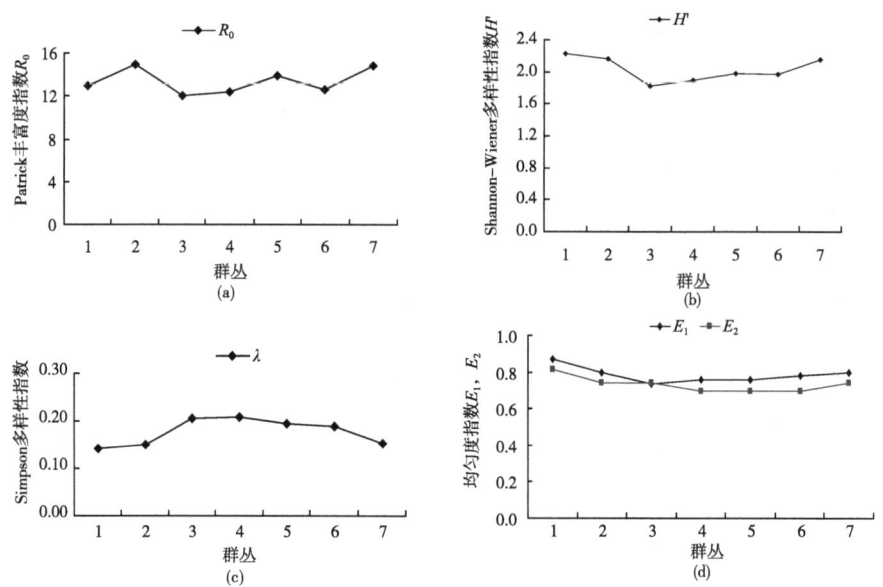

图 3-1 历山自然保护区山核桃群落 7 个群丛物种多样性指数

图 3-1a、图 3-1b、图 3-1c、图 3-1d 分别为山核桃群落 7 个群丛的丰

富度指数、物种多样性指数和均匀度指数的平均数变化曲线图。

从图 3-1a、图 3-1 b、图 3-1 d 可以看出，R_0 指数、H' 指数、E_1 和 E_2 指数表现出基本一致的变化趋势，因此用 R_0 指数、H' 指数、E_1 和 E_2 指数描述群丛性质具有较好的一致性。图 3-1 b 和图 3-1 c λ 指数与 H' 指数表现出明显相反的变化趋势，这是由于它们表示了不同的生态学意义[3]。λ 指数和 H' 指数能够反映优势种在群丛中作用的大小，λ 指数通常又称生态优势度，λ 指数越高，优势种的生态优势度越高，而 H' 指数与生态优势度间呈负相关[4]，H' 指数越高，优势种的生态优势度越小[5,6]。例如群丛Ⅰ、Ⅵ、Ⅶ的 λ 指数分别为 0.19、0.15、0.14，H' 指数分别为 1.97、2.15、2.22，优势种山核桃的重要值为 94.17、77.92、66.83。H' 指数越高，群丛的物种多样性越丰富，均匀度也较高。H' 从大到小排列 7 个群丛，依次为Ⅰ、Ⅱ、Ⅶ、Ⅴ、Ⅵ、Ⅳ、Ⅲ（图 3-1b）。

从图 3-1a 和图 3-1 b 可以看出，群丛Ⅱ和Ⅶ的丰富度指数 R_0 和多样性指数 H' 都较高，表明其物种多样性丰富，原因与其分布地、人为干扰等因素有关：群丛Ⅱ和Ⅶ分别位于西峡坡度较缓的沟谷，阳坡和半阳坡，和河漫滩相比，受河水反复冲刷的干扰较少，土壤层较厚，适宜的光照使得水热条件配合好，植物种类丰富，同时沟谷紧邻悬崖也减少了旅游、放牧等人为干扰，所以群丛所含物种较多；群丛Ⅱ乔木层除了建群种山核桃外，还伴生有大果榆（*Ulmus macrocarpa*）、茶条槭（*Acer ginnala*）、北京丁香（*Syringa pekinensis*）等树种，灌木层有连翘、牛奶子、葱皮忍冬（*Lonicera ferdinandii*）等，草本层有蓝萼香茶菜、铁线蕨（*Adiantum capillus-veneris*）、牛尾蒿、披针叶苔草和小花草玉梅（*Anemone rivularis* var. *flore-minore*）等；群丛Ⅶ还有土庄绣线菊（*Spiraea pubescens*）、藜芦、香薷等。群丛Ⅳ的丰富度指数 R_0 和多样性指数 H' 都较低，原因是群丛Ⅳ位于西峡河漫滩，长期受河流冲刷，土壤含有大量沙粒，土层较薄，含水量少，立地条件较差，加上放牧、旅游等人为干扰，使得物种数目减少，丰富度和多样性降低。

3.2.2 物种多样性与群落结构的关系

植物群落结构是群落中植物与植物之间、植物与环境之间相互关系的可见标志，同时也是群落其他特征的基础，因此从群落结构角度来研究山核桃群落的物种多样性具有一定的生态学意义[7]。分别计算山核桃群落各群丛乔、灌、草各层的物种丰富度指数、多样性指数和均匀度指数。由于本研究研究的山核桃群落乔木层物种数较少，通常 1~3 种，有的样方，如 11、13、

15、24、25、26仅有山核桃1种，此时，乔木对群落总的多样性影响较小，对群落多样性起主要作用的是灌木层和草本层。因此只比较各群丛灌木层和草本层的丰富度指数、多样性指数和均匀度指数。各层多样性指数见图3-2。

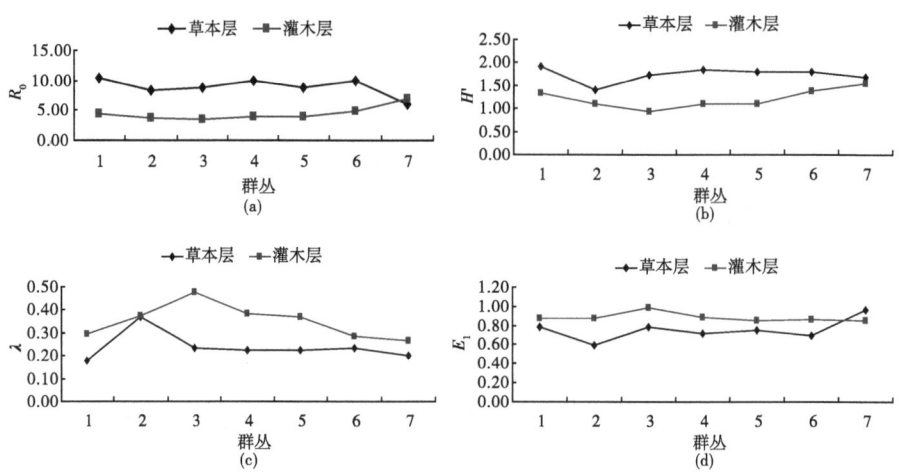

图 3-2　历山自然保护区山核桃群落 7 个群丛灌木层和草本层物种多样性指数

由图3-2a看出，除群丛Ⅶ外，其他几个群丛的丰富度指数（R_0）草本层高于灌木层，这是由于各群丛草本层的物种数大于或等于灌木层的物种数，表明山核桃群落的物种丰富度主要由草本层丰富度决定。植物群落的垂直结构主要受地带性气候所确立的水热组合影响，但是在一个特定的地带性气候区内，植物群落垂直层次结构受群落所处的海拔、坡向、坡位等物理微环境、物种组成、发育阶段、生活史策略等影响。群丛Ⅶ位于西峡坡度较缓的半阳性沟谷，水热组合和生境比其他群丛较好，立地条件较稳定，适合于连翘、土庄绣线菊等灌木的生长，而灌木的大量生长一定程度上改变了下层草本植物的光照条件，从而限制了草本植物的生长和种类组成。因此，灌木层丰富度指数高于草本层。对群落丰富度来说，群丛Ⅶ贡献大的是灌木层，其他群丛都是草本层，说明不同层次的物种对群落物种多样性的贡献是不等价的。

由图3-2a和图3-2d看出，各群丛草本层和灌木层物种丰富度指数和均匀度指数的变化出现分异现象，这主要与群落内某个种群的绝对数量多少及其在群落内的分布有关。在一个特定群落内的灌木或草本层丰富度指数与物种总数成正比，与总个体数成反比，与个体数在群落内的分布无关，而均匀度指数强调个体在群落内的分布,即群落内个体数分布越均匀,均匀度指数就越高。在某一层次内,当物种丰富度和均匀度指数都高时,多样性指数也高,当丰富度指数低且种群分布不均匀时,多样性指数就低[8],如群丛Ⅰ草本层的丰富度指数和均匀度指数都较高,其多样性指数也较高,群丛Ⅱ草本层的丰富度指数和均匀度指数都很低,其多样性指数也低。因此,一个具有较低物种丰富度指数和较高均匀度指数的群落,其多样性指数可能和一个物种丰富度指数大而均匀度指数低的群落相同[9]。

图 3-2b 和图 3-2c 表明,尽管各群丛草本层的多样性指数高于灌木层,但优势度指数 λ 却是灌木层大于草本层,突出了灌木层的优势种,如连翘是各个群丛的优势种。

从图 3-2d 也可以看出,除群丛Ⅶ外,各群丛灌木层的均匀度指数都高于草本层,这是因为尽管灌木层的物种数少于草本层,但各物种的个体数分布比较均匀,优势种、伴生种与稀有种的数量差异较小[10]。而草本层物种数量多,各物种个体数分布不均匀,优势种明显,如披针叶苔草、香薷等,因此均匀度指数低于灌木层。群丛Ⅶ因灌木层物种数明显多于草本层,但分布不均匀,使得均匀度指数低于草本层。

除丰富度指数外,各群丛内草本层和灌木层的多样性指数和均匀度指数差不大,尤其是草本层和灌木层之间的均匀度指数差别较小,而且各群丛间草本层和灌木层的均匀度指数变化幅度也较小,这是由于所调查的山核桃群落分布的范围较小,生境异质性小,植物生长的生境差异不太明显所致。本研究的山核桃群落位于历山西峡和猪尾沟的坡地、沟谷和河漫滩,海拔高度变化不大(海拔 1 520~1 600 m),坡度变化不大(0°~30°),坡向以半阳坡、半阴坡为主,群落周围有大量山体崩塌的岩石,灌木和草本植物多生长于岩石缝隙间。同时,各群丛间灌木层和草本层 H' 指数和 E_2 指数变化幅度小,也说明群丛中各层物种对地带气候条件有相似的适应特征。

3.2.3 物种多样性与环境因子的关系

环境因子对植物物种丰富度、多样性和均匀度的影响是复杂的。在影响山核桃群落物种多样性的环境因子中,坡向、坡度、土壤类型和厚度、土壤有机质和水分等是重要因素。由于生境条件的差异,如坡向、坡位、坡度、土壤层厚度及有机质和水分含量等条件的变化,均能导致物种多样性出现波动。在山核桃群落各群丛中,山核桃-连翘-升麻群丛的物种丰富度指数、多样性指数和均匀度指数都较高,而山核桃-连翘-香薷群丛的物种丰富度指数、多样性指数和均匀度指数都较低。这是由于前者分布于下川猪尾沟海拔 1 560~1 580 m 的地段内，坡度较为平缓的阴坡，土层较厚，湿度较大，水热条件组合好，群落盖度达 90%，中生或耐荫植物较多，有山核桃、大果榆、连翘、土庄绣线菊、葱皮忍冬、升麻、披针叶苔草等。而后者其各项指数都低于前者，其主导因子是土壤，山核桃-连翘-香薷群丛分布于下川西峡海拔 1 540~1 560 m 的河漫滩，坡度为 10°~30° 的半阳坡，生境较为干燥，受河流冲刷，土层较薄，有的甚至出现裸露岩石，群落总盖度 85%~90%。乔木层山核桃为单优势种，灌木层优势成分突出，主要为连翘，它的重要值占灌木层的 60% 以上，群落结构简单，因而物种丰富度指数、多样性指数较低，加上放牧、人为践踏和砍伐等干扰，也使得该群丛各项指数较低。

3.2.4 多样性指数之间的关系

方差分析结果（计算结果略去）表明：历山山核桃群落 7 个群丛间丰富度指数、多样性指数、均匀度指数差异不显著（$P>0.05$），各群丛灌木层、草本层之间的丰富度指数、多样性指数和均匀度指数差异不显著（$P>0.05$），乔木层因物种少，优势成分突出，各项指数间的差异也不显著。

3.3 结论与讨论

TWINSPAN 将 35 个样方分类得到的 7 个群丛的物种丰富度指数、多样性指数和均匀度指数之间存在差异，各群丛乔木层、灌木层和草本层之间的丰富度指数和均匀度指数也存在差异，这是由于山核桃群落物种多样性受其所处的坡向、坡度、土壤类型等物理微环境及群落物种组成、干扰等共同影响所致。方差分析结果显示：各群丛间丰富度指数、多样性指数和均匀度指数差异不显著，各群丛乔木层、灌木层和草本层之间的丰富度指数和均匀度指数也差异不显著，这说明山核桃群落生境异质性小，物种对地带性气候有相似的适应特征以及相似的资源利用方式。

参考文献

[1] 郑元润. 大青沟森林植物群落物种多样性研究 [J]. 生物多样性，1998，6(3): 191-196.

[2] MAGURRAN A E. Measuring Biological Diversity [M]. Oxford: Blackwell Science Ltd., 2004: 100-130.

[3] JOHN A L, JAMES F R. Statistical Ecology [M]. 李育中等译. 呼和浩特: 内蒙古大学出版社, 1990: 54-66.

[4] 岳明. 秦岭及陕北黄土区辽东栎林群落物种多样性特征 [J]. 西北植物学报, 1998, 18 (1): 124-131.

[5] 张丽霞, 张峰, 上官铁梁. 芦芽山植物群落的多样性 [J]. 生物多样性, 2000, 8 (4): 361-369.

[6] 张峰, 上官铁梁. 山西南方红豆杉森林群落的生态优势度分析 [J]. 山西大学学报 (自然科学版), 1988, 3: 82-87.

[7] 黄忠良, 孔国辉, 何道泉. 鼎湖山植物群落多样性研究 [J]. 生态学报, 2000, 20 (2): 193-198.

[8] 郭正刚, 刘慧霞, 孙学刚, 等. 白龙江上游地区森林植物群落物种多样性的研究 [J]. 植物生态学报, 2003, 27 (3): 388-395.

[9] 张金屯. 数量生态学 [M]. 北京: 中国科学技术出版社, 2004: 77-97.

[10] 马克平, 黄建辉, 于顺利, 等. 北京东灵山地区植物群落多样性研究Ⅱ. 丰富度、均匀度和物种多样性指数 [J]. 生态学报, 1995, 15 (3): 268-277.

4 历山山核桃群落优势种群生态位研究

生态位研究可以从本质上揭示种群的适应性、种群之间相互作用的机理，特别有助于深刻理解种群之间的竞争关系与协同进化关系[1,2]。生态位不仅在研究种间关系、生物多样性、群落结构及演替和种群进化等方面得到广泛应用[3,4]，而且在实践方面也具有重要的指导意义[5,6]。近年来，已有学者研究了珍稀濒危植物的种群生态位特征，探讨了濒危植物对空间资源的利用及其群落结构[7-9]。用生态位理论分析濒危植物群落主要种群的生态位状况，对阐明濒危种群和其他种群之间的相互关系，制定濒危种群保护措施具有重要意义[10,11]。

本研究以山西历山国家级自然保护区的山核桃群落为对象，对其主要种群进行生态位分析，探讨不同种群对资源的利用状况，了解种群间的竞争机制和规律，以期为山核桃种群的保护提供科学依据。

4.1 材料与方法

4.1.1 野外调查

采用典型样地取样方法在野外获得资料。2006年5月在历山自然保护区西峡河漫滩和猪尾沟海拔1 480~1 570 m的地区选取有代表性的7个样地进行调查。森林群落样方面积10 m×10 m，并在每个样方内取4 m×4 m的灌木样方和1 m×1 m的草本样方各1个，分别记录乔木物种及其高度、冠幅、胸径，灌木物种及其高度、盖度和多度，草本物种及其高度和盖度，同时还记录海拔、坡度、坡向及干扰等环境特征因子的情况。共记录了35个样方，综合各物种在样方中的盖度与出现的频率，选取26个主要种群，进行生态位分析。

4.1.2 数据分析

4.1.2.1 生态位宽度的测定

应用 Shannon-Wiener 指数测定生态位宽度（B_i）：

$$B_i = -\sum_{j=1}^{r}[(n_{ij}/N_{ij})\ln(n_{ij}/N_{ij})] \quad (4-1)$$

式中：B_i 为种群 i 的生态位宽度；n_{ij} 为种群 i 利用资源状态 j 的数量（本研究以种群 i 在第 j 样方的重要值表示）；N_{ij} 为种群 i 的总数量；r 为样方数。

指数 B_i 值越大，说明生态位越宽，该种利用的资源总量越多，竞争力越强。

4.1.2.2 生态位普遍重叠（GO）的测定

生态位普遍重叠是指所有种的资源利用曲线均从共同的利用曲线中划出的概率，它的计算公式为：

$$GO = e^E \quad (4-2)$$

式中：生态位普遍重叠 $E = \sum_{i=1}^{s}\sum_{j}^{r}[n_{ij}(\ln c_j - \ln P_{ij})]/T$，$s$ 为所测定的种数；$P_{ij}=n_{ij}/N_{ij}$；T 为样方中所有种的重要值之和；$c_j=t_j/T$，t_j 是第 j 个样方中所有种的重要值之和。GO 的 χ^2 显著性检验的统计量为 $V=-2T\ln GO$，$df = (s-1)(r-1) = (26-1)(35-1) = 850$。如果 $V>\chi^2_{0.05}$（$P<0.05$），则认为种 i 和种 j 不存在完全普遍重叠；如果 $V<\chi^2_{0.05}$（$P>0.05$），则认为种 i 和种 j 存在完全普遍重叠。

4.1.2.3 生态位特定重叠（SO）的测定

种 i 与种 j 的特定重叠是指种 i 的资源利用曲线能够从种 j 的利用曲线中划出的概率[25]，它的计算公式为：

$$SO_{ij} = e^{E_{ij}} \quad (4-3)$$

式中：$E_{ij} = \sum_{k=1}^{r}(P_{ik}\ln P_{jk}) - \sum_{k=1}^{r}(P_{ik}\ln P_{ik})$

种 j 与种 i 的特定重叠是指种 j 的资源利用曲线能够从种 i 的利用曲线中划出的概率[12]，它的计算公式为：

$$SO_{ji} = e^{E_{ji}} \quad (4-4)$$

式中：$E_{ji} = \sum_{k=1}^{r}(P_{jk}\ln P_{ik}) - \sum_{k=1}^{r}(P_{jk}\ln P_{jk})$

SO_{ij} 与 SO_{ji} 的 χ^2 显著性检验的统计量分别为：$U_{ij}=-2N_i\ln(SO_{ij})$ 和 $U_{ji}=-2N_j\ln(SO_{ji})$，$df=r-1=35-1=34$。如果 $U_{ij}>\chi^2_{0.05}$，则认为种 i 和种 j 不存在完全特定重叠；如果 $U_{ij}<\chi^2_{0.05}$，则认为种 i 和种 j 存在特定完全重叠。

4.2 结果与分析

4.2.1 生态位宽度

生态位宽度是种群（或生物）所利用的各种不同资源的总和，是反映种群对环境资源利用状况的尺度，不仅与物种的生态学和进化生物学特征有关，而且与种间的相互适应与相互作用有密切的联系。种群生态位宽度越大，表明其对环境的适应能力越强，对各种资源的利用较为充分，并且在群落中优势地位越高，分布范围也越广。

山核桃和连翘的生态位宽度最大（表4-1），分别为3.54和3.47，这是因为山核桃是群落的建群种，数量最多，分布最广，且对群落的环境和演替方向起着决定性作用，对环境的利用能力也最大，故其生态位宽度最大；连翘是群落灌木层的优势种，出现在调查的所有样方中，数量多，分布广，对环境资源的利用能力也较强。小叶鼠李（0.53）、鞘柄菝葜（0.38）等植物在灌木层中的数量相对较少，分布范围较窄，对环境利用能力较差，其生态位宽度相应也较小；草本层中草乌头、香薷、仙鹤草和披针叶苔草是草本层的优势种，分布范围较为广泛，对环境的适应能力较强，因此生态位宽度值也较大，分别为3.10、2.84、2.90和3.07，是山核桃群落中最主要的优势种。升麻、蓝萼香茶菜生态位宽度较小，分别为1.58和1.37，这可能与它们对该地区环境的适应性较弱、在样方中出现的频度较小有关。以上结果反映了山核桃群落中不同种群对生境条件的适应性及其分布范围。

表4-1 山西历山山核桃群落优势种群生态位宽度的测定结果

序号	种名	生态位宽度	序号	种名	生态位宽度
1	山核桃 *Juglans mandshurica*	3.54	14	山楂 *Crataegus pinnatifida*	1.05
2	北京丁香 *Syringa pekinensis*	2.45	15	小叶鼠李 *Rhamnus parvifolia*	0.53

(续表)

序号	种名	生态位宽度	序号	种名	生态位宽度
3	小叶鹅耳枥 Carpinus turczaninowii var. stipulata	0.63	16	鞘柄菝葜 Smilax stans	0.38
4	大果榆 Ulmus macrocarpa	0.61	17	藜芦 Veratrum nigrum	2.42
5	漆树 Toxicodendron vernicifluum	0.52	18	草乌头 Aconitum kusnezoffii	3.10
6	杜梨 Pyrus betulifolia	0.52	19	香薷 Elsholtzia ciliata	2.84
7	金花忍冬 Lonicera chrysantha	1.63	20	升麻 Cimicifuga foetida	1.58
8	连翘 Forsythia suspense	3.47	21	仙鹤草 Agrimonia pilosa	2.90
9	葱皮忍冬 Lonicera ferdinandii	0.68	22	披针叶苔草 Carex lanceolata	3.07
10	土庄绣线菊 Spiraea pubescens	2.41	23	蓝萼香茶菜 Rabdosia japonica var. glaucocalyx	1.37
11	牛奶子 Elaeagnus umbellata	0.67	24	紫苞筋骨草 Ajuga ciliata	2.70
12	灰枸子 Cotoneaster acutifolius	1.68	25	牛尾蒿 Artemisia subdigitata	2.60
13	虎榛子 Ostryopsis davidiana	1.60	26	风毛菊 Saussurea davidii	2.20

4.2.2 生态位重叠

4.2.2.1 生态位普遍重叠分析

生态位普遍重叠的结果（$GO = 0.544$，$V = 11391.83$，$P < 0.05$）表明，历山山核桃群落中26个优势种群并不存在完全普遍重叠，即所有种的资源利用曲线均从共同的利用曲线中划出的概率不显著，分析其原因可能有：①取样环境异质性较高，从山谷、坡面到河漫滩，光照、土壤质地、水分、有机质含量等均存在较大的异质性，导致种间普遍重叠程度下降。②物种本身生态生物学特性和对环境的适应能力的差异。由于不同植物对光照、水分、土壤等环境因子的适应性不同，导致它们生态位的分化，从而使生态位重叠程度降低。如大果榆为喜光耐干旱贫瘠植物，牛奶子、蓝萼香茶菜、香薷等为阳性植物，而升麻、紫苞筋骨草、土庄绣线菊、虎榛子、葱皮忍冬等为阴性或耐阴植物。

4.2.2.2 生态位特定重叠分析

当两个种利用同一资源或共同占有某一资源（食物、营养成分、空间等）时，就会出现生态位重叠，生态位重叠体现了物种对同等级资源的利用程度以及空间配置关系[13]。山核桃群落主要种群之间的生态位特定重叠值（SO）如表4-2所示。26个主要种群构成650个种对，其中有生态位重叠值的种对为429对，占整个种对的66%，表明各种群对资源的共享趋势明显，$0.001<SO<0.01$的占32.6%，$0.001<SO<0.1$的占28.6%，$SO>0.1$的占4.8%。大多数种间的生态位重叠值在0.001~0.01，说明主要种群间的利用性竞争不强。生态位宽度较大的种群，如山核桃、北京丁香、连翘与其他种群都有重叠，表明生态位宽度越大的种群，对资源利用能力越强，分布越广，与其他种群重叠的机会越大；生态位宽度越小的种群，与之相反。生态位宽度大的种群之间，生态位重叠值未必高，如山核桃和紫苞筋骨草为0.001，山核桃与牛尾蒿、北京丁香和牛尾蒿均为0，这可能是由于生态位较宽的物种本身生态学特性不同，对资源需求有所不同，山核桃和北京丁香居于群落的上层，而紫苞筋骨草、牛尾蒿居于群落的下层，这样的空间配置，有利于满足它们对不同强度光源的需求。生态位最大重叠值出现在山楂与虎榛子之间，但它们的生态位宽度并不大，这是因为在山核桃群落中，这两个种群分布不连续，只在个别样方中出现，并且分布较为密集，使得它们在总体环境空间中的生态位宽度较小。因此，生态位宽度较小的种群间，生态位重叠值也可能较大。

4.3 结论与讨论

生态位宽度反映了种群生长过程中的生态适应性、综合利用资源的能力和竞争水平。一般认为，生态位宽度较大的物种，对资源的利用能力较强且分布范围较广。历山山核桃群落中，山核桃、连翘和披针叶苔草生态位宽度较大，它们分别是群落建群种和优势种，数量多，分布广泛，利用环境资源的能力较强，种群竞争能力也较强。漆树、杜梨、鞘柄菝葜和小叶鼠李生态位宽度较小，分布范围较小，对资源的利用能力较弱，仅出现在部分调查样方中。

生态位重叠虽然与生态位宽度存在着一定的联系，但环境的资源量及资源需求关系对种群间的生态位重叠程度起着重要作用。生态位普遍重叠的结

表 4-2 历山山核桃群落主要种群生态位特定重叠测定结果

序号	1	2	3	4	5	6	7	8	9	10	11	12	13	14	15	16	17	18	19	20	21	22	23	24	25	26
1	—	0.059	0.060	0.065	0.010	0.087	0.054	0.049	0.016	0.035	0.010	0.007	0.036	0.047	0.000	0.067	0.098	0.001	0.059	0.001	0.000	0.000	0.000	0.000	0.000	0.000
2	0.017	—	0.018	0.013	0.021	0.012	0.025	0.002	0.005	0.006	0.018	0.014	0.011	0.011	0.000	0.009	0.003	0.000	0.007	0.000	0.000	0.000	0.000	0.000	0.000	0.000
3	0.006	0.006	—	0.005	0.003	0.101	0.007	0.001	0.001	0.001	0.003	0.008	0.071	0.074	0.000	0.003	0.000	0.000	0.004	0.000	0.000	0.000	0.000	0.000	0.000	0.000
4	0.077	0.139	0.066	—	0.084	0.085	0.199	0.043	0.049	0.026	0.058	0.062	0.037	0.064	0.000	0.058	0.089	0.000	0.066	0.000	0.000	0.000	0.000	0.000	0.000	0.000
5	0.069	0.098	0.069	0.074	—	0.081	0.126	0.020	0.018	0.033	0.080	0.199	0.105	0.118	0.000	0.043	0.038	0.000	0.039	0.000	0.002	0.000	0.000	0.000	0.000	0.000
6	0.045	0.040	0.259	0.060	0.058	—	0.088	0.028	0.027	0.006	0.045	0.045	0.163	0.269	0.001	0.046	0.002	0.000	0.030	0.000	0.004	0.000	0.000	0.000	0.000	0.000
7	0.006	0.009	0.016	0.014	0.016	0.046	—	0.137	0.044	0.008	0.023	0.012	0.151	0.299	0.000	0.037	0.039	0.000	0.006	0.000	0.000	0.000	0.000	0.000	0.000	0.000
8	0.088	0.013	0.033	0.017	0.017	0.055	0.111	—	0.014	0.022	0.046	0.011	0.035	0.042	0.000	0.000	0.068	0.002	0.010	0.000	0.010	0.000	0.000	0.000	0.000	0.000
9	0.017	0.029	0.018	0.005	0.016	0.004	0.246	0.003	—	0.020	0.021	0.010	0.078	0.100	0.000	0.000	0.070	0.000	0.004	0.047	0.000	0.000	0.000	0.000	0.000	0.000
10	0.021	0.064	0.011	0.005	0.026	0.047	0.020	0.001	0.006	—	0.017	0.024	0.069	0.103	0.001	0.013	0.008	0.002	0.008	0.009	0.000	0.000	0.000	0.000	0.000	0.000
11	0.023	0.037	0.027	0.037	0.042	0.057	0.065	0.018	0.031	0.044	—	0.040	0.254	0.066	0.007	0.037	0.032	0.009	0.025	0.009	0.010	0.000	0.000	0.000	0.000	0.000
12	0.002	0.002	0.003	0.004	0.019	0.010	0.011	0.001	0.001	0.003	0.006	—	0.138	0.248	0.003	0.006	0.008	0.006	0.019	0.002	0.004	0.002	0.001	0.000	0.000	0.000
13	0.001	0.001	0.002	0.001	0.001	0.002	0.001	0.000	0.000	0.002	0.002	0.040	—	0.566	0.001	0.003	0.009	0.001	0.007	0.007	0.002	0.002	0.001	0.000	0.000	0.000
14	0.000	0.000	0.001	0.000	0.001	0.001	0.001	0.000	0.000	0.001	0.001	0.002	0.637	—	0.008	0.017	0.009	0.002	0.020	0.019	0.001	0.050	0.001	0.000	0.000	0.000
15	0.000	0.001	0.000	0.000	0.009	0.000	0.001	0.002	0.000	0.005	0.001	0.004	0.079	0.081	—	0.378	0.006	0.010	0.001	0.000	0.000	0.004	0.001	0.000	0.000	0.000
16	0.002	0.001	0.005	0.001	0.000	0.019	0.012	0.002	0.000	0.000	0.000	0.000	0.003	0.006	0.000	—	0.001	0.000	0.011	0.000	0.001	0.003	0.001	0.000	0.001	0.000
17	0.001	0.000	0.000	0.000	0.000	0.000	0.000	0.000	0.000	0.000	0.000	0.000	0.000	0.004	0.033	0.002	—	0.001	0.000	0.001	0.000	0.001	0.001	0.000	0.000	0.000

（续表）

序号	1	2	3	4	5	6	7	8	9	10	11	12	13	14	15	16	17	18	19	20	21	22	23	24	25	26
18	0.000	0.000	0.000	0.000	0.001	0.000	0.000	0.001	0.000	0.000	0.000	0.000	0.000	0.010	0.019	0.009	0.375		0.002	0.002	0.000	0.006	0.001	0.000	0.000	0.000
19	0.022	0.016	0.015	0.021	0.003	0.018	0.017	0.002	0.012	0.020	0.005	0.060	0.258	0.423	0.009	0.274	0.261	0.012		0.065	0.000	0.047	0.000	0.000	0.000	0.000
20	0.006	0.001	0.004	0.001	0.000	0.018	0.001	0.000	0.000	0.012	0.000	0.002	0.102	0.121	0.001	0.038	0.017	0.002	0.017		0.000	0.054	0.000	0.000	0.000	0.000
21	0.000	0.000	0.000	0.000	0.000	0.000	0.000	0.000	0.000	0.000	0.000	0.002	0.002	0.002	0.002	0.020	0.005	0.001	0.004	0.002		0.004	0.001	0.000	0.001	0.001
22	0.000	0.000	0.000	0.000	0.000	0.000	0.000	0.000	0.000	0.001	0.000	0.004	0.012	0.020	0.001	0.003	0.001	0.000	0.001	0.007	0.001		0.000	0.000	0.001	0.000
23	0.000	0.000	0.000	0.000	0.000	0.000	0.000	0.000	0.000	0.000	0.000	0.008	0.054	0.054	0.010	0.013	0.009	0.016	0.005	0.009	0.015	0.002		0.000	0.042	0.018
24	0.001	0.001	0.007	0.001	0.001	0.027	0.014	0.001	0.000	0.023	0.001	0.001	0.172	0.160	0.000	0.005	0.018	0.002	0.006	0.048	0.026	0.002	0.007		0.001	0.005
25	0.000	0.000	0.000	0.000	0.000	0.000	0.000	0.000	0.000	0.000	0.000	0.000	0.026	0.358	0.054	0.071	0.013	0.028	0.017	0.016	0.034	0.014	0.534	0.001		0.118
26	0.000	0.000	0.000	0.000	0.000	0.000	0.000	0.000	0.000	0.000	0.000	0.006	0.431	0.390	0.003	0.023	0.210	0.037	0.011	0.002	0.002	0.026	0.091	0.001	0.090	

注：序号（1~26）代表的种名同表4-1。

果显示，历山山核桃群落中 26 个优势种群并不存在完全普遍重叠。生态位重叠值大小与生态位宽度有一定的关系，生态位宽度大的种群由于对资源利用能力强，分布幅度大而与其他种群间重叠也较大。在所研究的山核桃群落中，某些生态位宽度较大的种群之间生态位重叠值并不是很高，可能是物种本身生态学特性的差异，对资源位要求不完全一致，从而导致生态位重叠不高。生态位宽度较小的种群之间生态位重叠值也可能较大，如虎榛子和山楂，这可能是由于少数种群对资源需求不同，呈现出不连续的聚集分布，且聚集程度较高所致。

根据生态位理论，在对山核桃群落进行保护时，应以充分利用多层次空间生态位为原则，合理配置不同种群的分布格局，使有限的资源得到合理利用，构建一个具有多样化种群的稳定而高效的群落。同时要科学开发利用，减少人为破坏，使生态位能够恢复到最佳状态。

参考文献

[1] 李登武，张文辉，任争争．黄土沟壑区狼牙刺群落优势种群生态位研究［J］．应用生态学报，2005，16（12）：2231-2235.

[2] 张峰，上官铁梁．翅果油树群落优势种群生态位分析［J］．西北植物学报，2004，24（1）：70-74.

[3] 张忠华，梁士楚，胡刚．桂林岩溶石山阴香群落主要种群生态位研究［J］．林业科学研究，2009，22（1）：63-68.

[4] 张继义，赵哈林，张铜会，等．科尔沁沙地植物群落恢复演替系列种群生态位动态特征［J］．生态学报，2003，23（12）：2741-2746.

[5] 马丽荣，蔺海明，李荣．兰州引黄灌区小麦田杂草群落及其生态位研究［J］．中国生态农业学报，2008，16（6）：1464-1468.

[6] 陈艳瑞，尹林克．人工防风固沙林演替中群落组成和优势种群生态位变化特征［J］．植物生态学报 2008，32（5）：1126-1133.

[7] 史小华，许晓波，张文辉．秦岭冷杉群落主要种群生态位研究［J］．植物研究，2007，27（3）：345-349.

[8] 吴东丽，张金屯，王泰乙，等．野生大豆群落主要种群生态位特征研究［J］．草地学报，2009，17（2）：166-173.

[9] 康华靖，陈子林，刘鹏，等．大盘山香果树（*Emmenopterys*

henryi) 种内及其与常见伴生种之间的竞争关系 [J]. 生态学报, 2008, 28 (7): 3456-3463.

[10] BROOK B W, GRADY J J, CHAPMANh A P. Predictive accuracy of population viability analysis in conservationbiology [J]. Nature, 2000, 404: 385-387.

[11] STEWART G B, COLES C F, PULLIN A S. Applying evidence—based practice in conservation management: lessons from the first systematic review and dissemination projects [J]. Biological conservation, 2005, 126 (2): 270-278.

[12] 王伯荪, 李鸣光, 彭少麟. 植物种群学 [M]. 广州: 广东高教出版社, 1995: 132-148.

[13] 王刚, 赵松岭, 张鹏云, 等. 关于生态位定义的探讨及生态位重叠计测公式改进 [J]. 生态学报, 1984, 4 (2): 119-127.

5 历山山核桃群落数量分类与排序

20 世纪 80 年代以来，随着生态学理论与应用研究的发展，植被格局研究成为植被生态学研究的焦点[1]。数量分析为客观、准确地揭示植被及其与环境之间的生态关系提供了合理、有效的途径，已成为植被生态学研究的重要内容之一[2-3]。数量分类和排序是研究植物群落生态关系的重要数量方法，可以深刻地揭示植物种、植物群落与环境间的生态关系，已成为现代植被研究必不可少的手段[4]。TWINSPAN 和 DCA 能够客观反映植物群落的生态关系，已被广泛应用于植被研究。

本研究采用 TWINSPAN 和 DCA 对山西历山分布的以山核桃为建群种的山核桃群落进行数量分类与排序，分析群落类型及其与环境之间的关系，探讨群落性质和分布规律，从而认识山核桃群落的植物种类组成和结构特征，为山核桃资源的保护和合理开发提供科学依据。

5.1 材料与方法

5.1.1 野外调查

本研究选择的山核桃群落位于山西历山自然保护区的西峡河漫滩和猪尾沟，111°51′10″E~112°05′35″E，35°16′30″N~35°27′20″N。2006 年 5 月在历山西峡河漫滩和猪尾沟选取有代表性的 7 个样地，设 35 个 10 m×10 m 的乔木样方，并在每个乔木样方内取 4 m×4 m 的灌木样方和 1 m×1 m 的草本样方各 1 个，调查记录各样方的乔木物种及其高度、冠幅和胸径，灌木物种及其高度、盖度和多度，草本物种及其高度和盖度，同时记录海拔、坡度、坡向及干扰情况等环境特征。

5.1.2 数据处理

采用重要值（IV）作为各物种在群落中的优势度指标。

乔木、灌木和草本的重要值分别用下式计算：
乔木重要值=（相对盖度+相对频度+相对优势度）/3
灌木重要值=（相对盖度+相对高度）/2
草本重要值=相对盖度

5.1.3 数据分析

记录35个样方，分别标记为1，2，3，…，35，乔木、灌木、草本植物共99个物种，剔除频度小于5%的偶见种后，得到35×53的数据矩阵。

采用VEAPAN软件包中Hill（1979）设计的TWINSPAN进行群落分类，Braak（1988）设计的CANOCO软件包标准程序中的DCA进行排序[4,5]。

5.2 结果与分析

5.2.1 35个样方中优势种和常见种的确定

根据35个样方中各物种重要值及其在群落中的重要作用，确定出20个优势种和常见种。见表5-1。

表5-1 35个样方中20个优势种和常见种的重要值（Ⅳ）

编号	物种	重要值Ⅳ（$\bar{X}\pm SE$）
1	山核桃 Juglans mandshurica	89.41±2.32
2	北京丁香 Syringa pekinensis	7.95±1.98
3	连翘 Forsythia suspensa	64.92±4.31
4	葱皮忍冬 Lonicera ferdinandii	2.58±1.83
5	土庄绣线菊 Spiraea pubescens	7.37±2.01
6	牛奶子 Elaeagnus umbellata	2.82±2.01
7	虎榛子 Ostryopsis davidiana	3.52±1.50
8	藜芦 Veratrum nigrum	11.15±3.19
9	草乌头 Aconitum kusnezoffii	13.82±2.22
10	香薷 Elsholtzia ciliata	12.24±2.61
11	升麻 Cimicifuga foetida	2.84±0.86
12	披针叶苔草 Carex lanceolata	16.97±2.84

(续表)

编号	物种	重要值Ⅳ ($\bar{X}\pm SE$)
13	蓝萼香茶菜 Rabdosia japonica var. glaucocalyx	2.09±1.07
14	筋骨草 Ajuga ciliata	6.56±1.57
15	牛尾蒿 Artemisia subdigitata	2.90±0.70
16	委陵菜 Potentilla chinensis	3.33±0.21
17	早熟禾 Poa annua	2.44±0.29
18	冰草 Agropyron cristatum	3.20±0.24
19	茜草 Rubia cordifolia	3.52±0.26
20	风毛菊 Saussurea davidii	3.01±0.96

5.2.2 TWINSPAN 分类分析

采用TWINSPAN将35个样方分类，依据《中国植被》的分类系统[6]，并结合野外调查结果和群落特征，对 TWINSPAN 分类结果做了一些调整，最后将历山山核桃群落35个样方划分为7个群丛（图5-1）。

Ⅰ 山核桃（*Juglans mandshurica*）-连翘（*Forsythia suspensa*）-升麻（*Cimicifuga foetida*）群丛

包含样方2、28和29。分布于下川猪尾沟，海拔1 560~1 580 m，坡向为阴坡，坡度<20°，群落周围有崩塌的岩石。群落总盖度90%。乔木层盖度50%~70%；山核桃盖度20%~50%，高度5~9 m，伴生有大果榆（*Ulmus macrocarpa*）、茶条槭（*Acer ginnala*）和漆树（*Toxicodendron vernicifum*）等；灌木层盖度10%~50%，连翘盖度10%，高度2~2.5 m；草本层盖度5%~10%；升麻盖度5%，铁线蕨（*Adiantum capillus-veneris*）等盖度皆小于5%。

Ⅱ 山核桃-连翘+牛奶子（*Elaeagnus umbellata*）-蓝萼香茶菜（*Rabdosia japonica* var. *glaucocalyx*）群丛

包含样方5和6。分布与下川西峡，海拔1 528~1 529 m，坡向为阳坡，坡度<5°。群落总盖度90%。乔木层盖度30%~50%，山核桃盖度30%~50%，高度3.5~5 m；灌木层盖度20%~40%，连翘盖度10%~30%，高度1~2.5 m，牛奶子盖度10%~15%，高度2~3.5 m；草本层盖度30%~70%，蓝萼香茶菜盖度10%~20%，伴生种有披针叶苔草（*Carex lanceolata*）和小花草玉梅（*Anemore rivularis* var. *flore-minore*）等，盖度都小于5%。

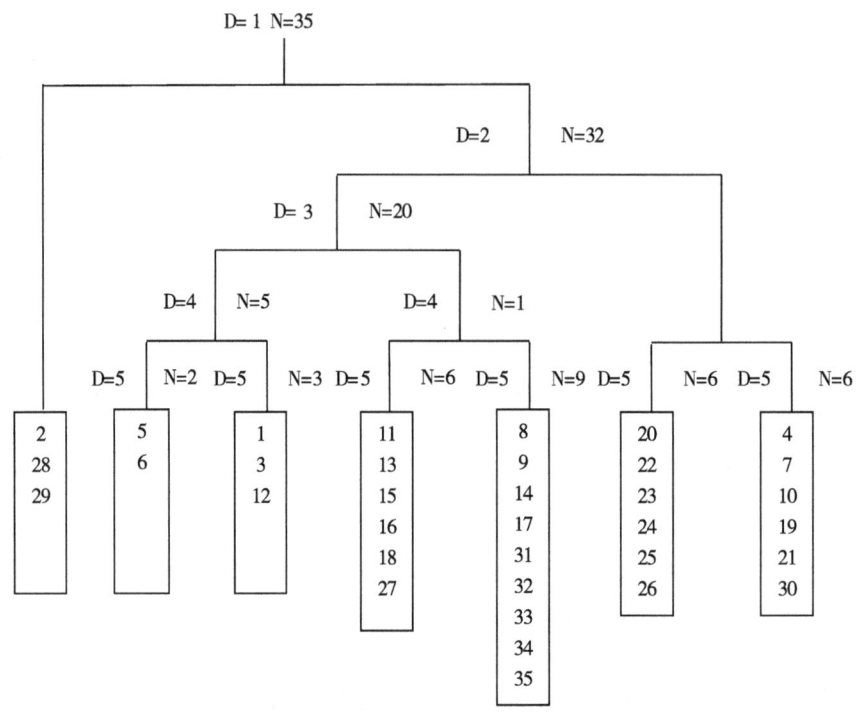

图 5-1 历山山核桃群落 35 个样地的 TWINSPAN 分类树状图

Ⅲ 山核桃-连翘-草乌头（*Aconitum kusnezoffii*）群丛

包含样方 1、3 和 12。分布于下川西峡海拔 1 546～1 565 m，坡向为半阴坡，坡度<5°。群落总盖度 80%～85%。乔木层盖度 40%～50%，山核桃盖度 30%～50%，高度 3.5～8 m，伴生有北京丁香（*Syringa pekinensis*）；灌木层盖度 10%～30%，连翘盖度 10%～15%，高度 1.5～2.5 m，伴生种有葱皮忍冬（*Lonicera ferdinandii*）等；草本层盖度 70%～80%，草乌头盖度 10%～40%，伴生种有藜芦（*Veratrum nigrum*）、披针叶苔草和龙牙草（*Agrimonia pilosa*）等，盖度皆小于 5%。

Ⅳ 山核桃-连翘-香薷（*Elsholtzia ciliata*）群丛

包含样方 11、13、15、16、18 和 27。分布于下川西峡海拔 1 540～1 560 m，坡向为半阳坡，坡度 10°～30°，在悬崖下方。群落总盖度 85%～90%。乔木层盖度 40%～50%，山核桃占绝对优势，盖度达 40%～50%，高度 3.5～8 m；灌木层盖度 10%～60%，连翘盖度 30%～60%，高度 1.5～2 m；草本层盖度 50%～90%，香薷盖度 20%～30%，伴生种有筋骨草、兔儿伞

(*Syneilesis aconitifolia*) 等，盖度小于 5%。

Ⅴ 山核桃-连翘-披针叶苔草（*Carex lanceolata*）+筋骨草（*Ajuga ciliata*）群丛

包含样方 8、9、14、17、31、32、33、34 和 35。分布于西峡海拔高度 1 488～1 556 m，坡向为半阳坡，坡度 30°，紧邻悬崖，周围有大量崩塌的岩石。群落总盖度 85%～90%。乔木层盖度 30%～50%，山核桃盖度 20%～50%，高度 4～6 m；灌木层盖度 5%～30%，连翘盖度 20%～30%，高度 1.0～1.5m，虎榛子（*Ostryopsis davidiana*）盖度 5%～10%，高度 0.3～0.8 m；草本层盖度 60%～90%，披针叶苔草盖度 5%～40%，筋骨草盖度 5%～10%，伴生种有小花草玉梅和香薷等，盖度都小于 5%。

Ⅵ 山核桃-连翘-风毛菊（*Saussurea davidii*）+牛尾蒿（*Artemisia subdigitata*）群丛

包含样方 20、22、23、24、25 和 26。分布于猪尾沟海拔 1 500～1 546 m，坡向为阴坡，坡度约 10°，周围有大量山体崩塌的石头。群落总盖度 80%～90%。乔木层盖度 40%～50%，山核桃盖度 40%～50%，占绝对优势，高度 4～6 m；灌木层盖度 10%～20%，连翘 5%～10%，高度 1.5～2 m，伴生有土庄绣线菊（*Spiraea pubescens*）等；草本层盖度 30%～60%，风毛菊盖度 5%～10%，牛尾蒿盖度 5%～10%，还有茜草（*Rubia cordifolia*）、细叶百合（*Lilium pumilum*）等，盖度都小于 5%。

Ⅶ 山核桃-连翘-藜芦（*Veratrum nigrum*）群丛

包含样方 4、7、10、19、21 和 30。分布于西峡海拔 1 500～1 600 m，坡向为半阳坡，坡度 10°～15°。群落总盖度 90%。乔木层盖度 40%～50%，山核桃盖度 40%～45%，高度 6～7 m；灌木层盖度 20%～80%，连翘的盖度为 20%～80%，高度为 2 m，伴有土庄绣线菊等；草本层盖度 40%～60%，藜芦盖度 30%～40%，常见种有披针叶苔草和香薷等，盖度小于 5%。

7 个群丛中，乔木层均以山核桃为优势种，灌木层均以连翘为优势种，因此，草本层的优势种决定了群丛的类型。

5.2.3 DCA 排序分析

5.2.3.1 样方的 DCA 排序分析

图 5-2 是 35 个样方的 DCA 二维排序图，结合 TWINSPAN 分类所得的各群落分类结果，可以看出排序结果在二维排序图上有各自比较明确的分布范围和界限，这说明 DCA 同 TWINSPAN 分类结合，其结果较好地反映了植

物群落之间以及群落与环境之间的生态关系。

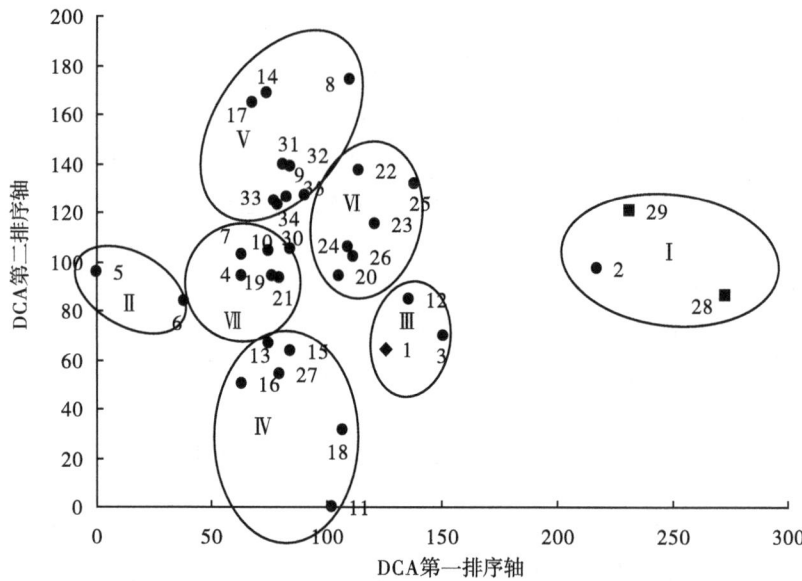

图 5-2　历山山核桃群落 35 个样方 DCA 排序

从排序轴来看，第一轴基本上反映各群丛所在生境的坡向变化，即从左到右坡向由阳坡向半阳坡、半阴坡和阴坡过渡，坡向变化主要表现为光照强度的差异，同时也影响群落内部的温度和湿度变化。第二轴基本反映了植物群落的地形和土壤类型变化，即从下到上地形由河漫滩向沟谷坡地逐渐过渡，土壤由砂质土变为山地褐土，土壤层厚度、有机质和含水量逐步增加。

群丛Ⅱ位于阳坡，处于第一排序轴的最左端；群丛Ⅰ位于阴坡，在第一排序轴的最右端；群丛Ⅲ和Ⅵ位于半阴坡，群丛Ⅴ、Ⅳ和Ⅶ位于半阳坡，位于第一排序轴的中间。从图 5-2 可以看出多数样方分布于排序图中部，说明山核桃群落主要分布于半阴、半阳坡地段，光照是限制其分布的主要环境因子之一。群丛Ⅳ位于西峡河漫滩，受河流冲刷，裸露岩石，土层较薄，有机质含量低，位于第二排序轴的下部；群丛Ⅰ、Ⅱ、Ⅲ和Ⅶ位于西峡和猪尾沟的沟谷，地势低洼，能够淤积大量土层，位于第二排序轴的中部；群丛Ⅴ和Ⅵ分布于西峡和猪尾沟 10°~30° 的坡地，土壤为山地褐土，土层较厚，有机质含量较多，处于第二排序轴的上部。另外，本研究的山核桃群落受海拔梯度变化的影响不明显，这是因为建群种山核桃对海拔高度要求不严，多生于山谷、坡地及河岸，与我们所调查的生境条件基本一致。

5.2.3.2 优势种的DCA排序分析

图5-3是山核桃群落20个优势种和常见种在DCA排序图中的分布。从排序轴看,第一轴基本反映物种生境坡向的变化,即从左到右由阳坡逐渐向阴坡过渡;第二轴基本反映物种生境土壤水分的变化,即从下到上土壤水分逐渐增加。各群丛乔木层建群种和灌木层优势种均为山核桃和连翘,因此,草本层的优势种决定了群落的类型。图5-2中,以中生或耐荫植物升麻为优势种的群丛Ⅰ位于DCA排序图第一轴的最右边,以阳生植物牛奶子和为优势种的群丛Ⅱ位于第一轴的最左边,图5-3中,升麻位于优势种DCA排序图第一轴的最右边,牛奶子和蓝萼香茶菜位于优势种DCA排序图第一轴的最左边。图5-2中,以阳性旱中生植物香薷为优势种的群丛Ⅳ位于DCA排序图第二轴的最下端,以耐荫喜湿植物筋骨草为优势种的群丛Ⅴ位于第二轴的上端。图5-3中,香薷位于优势种DCA排序图第二轴的最下端,筋骨草位于优势种DCA排序图第二轴的上端。由图5-2和图5-3可见,草本层优势种在DCA排序图上的分布格局在很大程度上决定着7个群丛在DCA排序图上的分布格局。

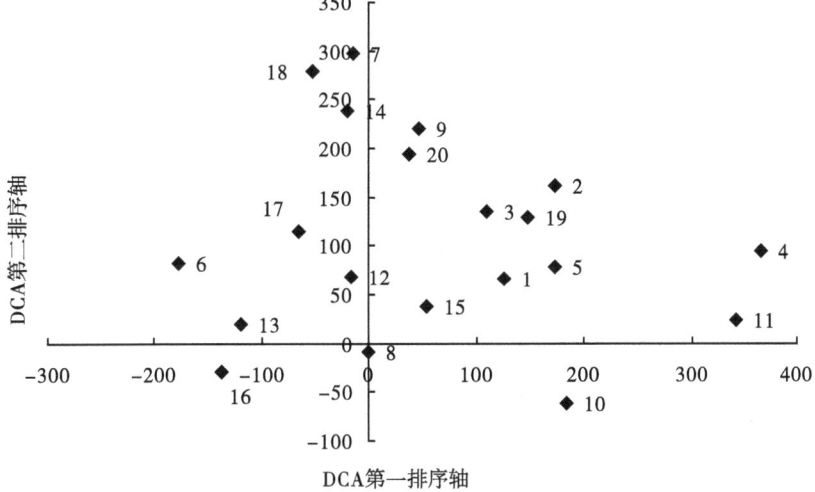

图5-3 历山山核桃群落20个优势种和常见种的DCA排序

图5-3中每种植物都有自己特定的分布区域,这是由各自的适宜生存环境条件决定的:葱皮忍冬和升麻较为耐阴,位于排序图最右边;山核桃、连翘、土庄绣线菊是中生植物,适应性强,分布于较为广阔的生存空间,因而

位于排序图的中心位置，蓝萼香茶菜和牛奶子喜阳，位于排序图的最左边。

5.3 结论与讨论

（1）采用 TWINSPAN 分类法将历山山核桃群落 35 个样方划分为 7 个群丛：山核桃-连翘-升麻群丛、山核桃-连翘+牛奶子-蓝萼香茶菜群丛、山核桃-连翘-草乌头群丛、山核桃-连翘-香薷群丛、山核桃-连翘-披针叶苔草+筋骨草群丛、山核桃-连翘-风毛菊+牛尾蒿群丛和山核桃-连翘-藜芦群丛，各群丛不同的生境特征反映了山核桃群落的不同结构和分布。虽然TWINSPAN 分类法是当今最主要的数量分类方法而被广泛采用，但在具体分类过程中，还应该充分考虑群落生境的特征和植物物种在群落中的重要地位，这样才能获得更加客观和符合植被分类原则的结果。

（2）35 个样方 DCA 排序结果说明，DCA 同 TWINSPAN 分类结合，其结果较好地反映了植物群落之间以及群落与环境之间的生态关系。TWINSPAN 分类所产生的 7 个群丛在 DCA 排序图上各有自己的分布范围和界线，不同群丛在排序图上的位置基本反映出其分布与环境的关系，排序图第一轴基本反映各群丛所在生境的坡向变化，第二轴基本反映了植物群落的地形和土壤类型变化，坡向、地形和土壤类型决定了山核桃群落生境的光照、土壤有机质和含水量等生态因子的变化，导致群落类型分布的规律性变化。

（3）35 个样方中 20 个优势种和常见种的 DCA 排序与 7 个群丛的 DCA 排序有很大的相似性，由于各群丛乔木层、灌木层的优势种相同，因此，草本层优势种的分布格局决定了群丛的分布格局。环境因子是影响植物群落组成、结构、分布和演替的主要因素[7]。优势种和常见种 DCA 排序图显示：第一轴从左到右植物由阳生植物演变到中生或耐荫植物，第二轴从下到上植物由阳性旱中生植物演变到耐阴喜湿植物，表明山核桃群落的组成、分布随坡向、地形变化而变化。

（4）由于近年来历山旅游业发展较快，旅游活动对山核桃群落的结构、种类组成和动态演替等产生了重大影响。旅游、放牧等人为干扰因素使得山核桃群落中建群种山核桃多呈灌木状，地面分支较多，没有明显的主干，同时优势度有所降低，重要值由 94.17 下降到 66.83，伴生种的种类增加，如出现了大果榆（*Ulmus macrocarpa*）、茶条槭（*Acer ginnala*）、杜梨（*Pyrus betulifolia*）等树种。因此，在发展旅游的同时，应对山核桃群落的生境采取有效保护措施。

参考文献

[1] BURKE A. Classification and ordination of plant communities of the Naukluft muntains, Namibia [J]. Journal of Vegetation Science, 2001, 12: 53-60.

[2] 江洪. 东灵山植物群落的排序、数量分类与环境解释 [J]. 植物生态学报与地植物学学报, 1994, 36 (7): 539-551.

[3] 张峰, 张金屯, 张峰. 历山自然保护区猪尾沟森林群落植被格局及其环境解释 [J]. 生态学报, 2003, 23 (3): 421-427.

[4] 张金屯. 植被数量生态学方法 [M]. 北京: 中国科学技术出版社, 1995: 30-220.

[5] 张峰, 张金屯. 我国植被数量分类和排序进展 [J]. 山西大学学报: 自然科学版, 2000, 23 (3): 278-282.

[6] 吴征镒. 中国植被 [M]. 北京: 科学出版社, 1995: 514-519.

[7] 张桂莲, 张金屯, 程林美. 山西南部山地白羊草群落的数量分类和排序 [J]. 草业学报, 2003, 12 (6): 63-69.

6 晋城野生药用种子植物区系分析

晋城位于山西省东南部，是山西省种子植物分布最丰富的地区，也是山西生物多样性最丰富的地区。由于特殊的气候条件、土壤类型和复杂的地形地貌，使得晋城分布着许多天然野生药用植物，如含有抗肿瘤活性物质紫杉醇的南方红豆杉（*Taxus chinensis* var. *mairei*）、柴胡（*Bupleurum chinense*）、连翘（*Forsythia suspensa*）等常用大宗药材均有分布。晋城也是山西省地道中草药的主要产地，如党参（*Codonopsis pilosula*）、丹参（*Salvia miltiorrhiza*）等。山西省中药材试验基地和北京同仁堂的党参基地就位于陵川县境内。本研究研究晋城野生药用植物区系分布的多样性，旨在为野生药用植物资源保护和可持续利用提供理论依据。

6.1 自然地理概况

晋城位于山西省东南部，东部以太行山南端为界、南部以中条山东段为界与河南毗邻，35°11′N~36°04′N，111°55′E~113°37″E。海拔520~2 322 m（历山舜王坪），平均海拔800 m，面积9 490 km²。晋城东部为太行山山地，南部为中条山山地，中部和北部由丘陵和上党盆地（一部分）组成。

晋城气候属大陆性暖温带季风气候。年均气温11.5 ℃，年平均湿度63%~68%，1月平均气温-2.7 ℃，7月平均气温24.1 ℃，年平均降水量573.8 mm（为山西省降水最多的地市），平均无霜期为201 d。年平均日照时数2 303.5 h，年平均日照率达52%[1]。

晋城的成土母质以石灰岩为主，主要土壤类型为山地褐壤、棕壤、褐土等。随着海拔高低的变化，土壤类型分布发生有规律的变化。垂直基带土壤为褐土，从高向低依次分布着山地草甸土-山地棕壤-淋溶褐土-褐土性土[2]。

6.2 植物区系的基本组成

经调查和有关资料统计[3-4]，晋城野生药用植物有101科379属635种，其中裸子植物3科5属9种，被子植物98科374属626种（双子叶植物86科325属562种，单子叶植物12科49属64种）。其中主要的科有毛茛科、蔷薇科、豆科、唇形科、菊科、百合科、蓼科、石竹科、伞形科等。

6.2.1 科内属的组成

晋城野生药用植物各科含属数差异较大（表6-1），含5属以上的科共有20个，占总科数的19.8%，属数高达230属，占总属数的60.68%，在该区系中占有主导地位，如菊科（36）、豆科（24）、蔷薇科（19）、唇形科（18）、毛茛科（16）、伞形科（16）、百合科（13）、兰科（12）、禾本科（10）、石竹科（9）、十字花科（8）等。含5属以下的科81个，占总科数的80.2%，仅占总属数的39.32%，在晋城野生药用植物区系中居于次要地位。

表6-1 野生药用植物科内属的组成

科内含属数	科数	占总科数百分比/%	属数	占总属数百分比/%
≥10	9	8.91	164	43.27
5~9	11	10.89	66	17.41
2~4	38	37.62	106	27.97
1	43	42.58	43	11.35
总数	101	100.00	379	100.00

6.2.2 科内种的基本组成

含种数较多的科有菊科（61）、毛茛科（47）、蔷薇科（44）、豆科（43）、唇形科（26）、百合科（22）、蓼科（18）、伞形科（17）、石竹科（16）等共14科，仅占总科数的13.86%，但其种数高达348种，占总种数的54.8%，在晋城野生药用植物区系中占主导地位。而含10种以下的科87个，占总科数的86.14%，占总种数的45.2%，在晋城野生药用植物区系中居于从属地位（表6-2）。

表6-2 野生药用植物科内种的组成

科内含种数	科数	占总科数百分比/%	种数	占总种数百分比/%
≥20	6	5.94	243	38.27
10~19	8	7.92	105	16.53
2~9	58	57.43	258	40.63
1	29	28.71	29	4.57
总数	101	100.00	635	100.00

6.2.3 属内种的组成

含种数较多的属有17个，占总属数的4.49%，共123种，占总种数的19.37%。其中含5种以上的属有蒿（Artemisia）、蓼（Polygonum）、铁线莲（Clematis）、委陵菜（Potentilla）、大戟（Euphorbia）、唐松草（Thalictrum）、小檗（Berberis）、山楂（Crataegus）、堇菜（Viola）等属。其余362属，占总属数的95.51%，共512种，占总种数的80.63%，其中单型属29个，占总属数的7.65%。有侧柏（Platycladus）、透骨草（Phryma）、金粟兰（Chloranthus）、商陆（Phytolacca）、鸭跖草（Commelina）等属（表6-3）。

表6-3 野生药用植物属内种的组成

种数	属数	占总属数百分比/%	种数	占总种数百分比/%
≥10	2	0.53	33	5.20
5~9	15	3.96	90	14.17
2~4	98	25.86	248	39.06
1	235	62.00	235	37.00
单型属	29	7.65	29	4.57
总数	379	100.00	635	100.00

6.3 野生药用植物属的区系成分分析

根据吴征镒关于中国种子植物属的分布区类型及划分原则[5]，晋城635种野生药用植物属可以划分为15个分布区类型（表6-4）。

表 6-4 晋城野生药用植物属种的分布区类型

分布区类型	属数	占总属数百分比/%	种数	占总种数百分比/%
1. 世界分布	45	—	19	—
2. 泛热带分布	48	14.37	8	1.30
3. 热带亚洲和热带美洲间断分布	2	0.60	0	0.00
4. 旧世界热带分布	9	2.69	4	0.65
5. 热带亚洲至热带大洋洲分布	6	1.80	3	0.49
6. 热带亚洲至热带非洲分布	2	0.60	1	0.16
7. 热带亚洲分布	8	2.40	17	2.76
8. 北温带分布	128	38.32	41	6.66
9. 东亚和北美洲间断分布	28	8.38	6	0.97
10. 旧世界温带分布	52	15.57	44	7.14
11. 温带亚洲分布	9	2.69	151	24.51
12. 地中海区、西亚至中亚	7	2.10	0	0.00
13. 中亚分布	2	0.60	0	0.00
14. 东亚分布	28	8.38	144	23.38
15. 中国特有	5	1.50	197	31.98
合计	379	100	635	100

6.3.1 世界分布

本类型共有 45 属，其中草本 40 属、藤本 2 属、木本 3 属。常见的草本植物有商陆（*Phytolacca*）、黄芩（*Scutellaria*）、银莲花（*Anemone*）、独行菜（*Lepidium*）、车前（*Plantago*），乔木只有槐属（*Sophora*）。藤本植物有茄（*Solanum*）和铁线莲（*Clematis*）属。这说明晋城野生药用植物区系与世界各地存在一定联系。

6.3.2 热带分布（2-7）[①]

热带分布及其变型共有 75 属，占总属数的 22.46%（除世界分布属），在晋城野生药用植物中泛热带分布是热带分布中最大的一类，共有 48 属，

---

① 此序号指表 6-4 中第一列分布区类型编号，下同。

占总属数的14.37%，占热带分布属的64%，是本区热带分布型属中占主导地位的区系成分。其中草本29属，木本15属，藤本4属。常见的草本有牛膝（*Achyranthes*）、蒺藜（*Tribulus*）、白茅（*Imperata*）等。木本植物有卫矛（*Euonymus*）、菝葜（*Smilax*）、枣（*Ziziphus*）、牡荆（*Vitex*）、黄栌（*Cotinus*）、花椒（*Zanthoxylum*）等属，其中黄栌、牡荆为灌丛的建群成分。藤本植物有马兜铃（*Aristolochia*）、蝙蝠葛（*Menispermum*）、薯蓣（*Dioscorea*）等4属。

其他热带分布型（3-7）共有27属，占总属数的8.08%，在晋城野生药用植物中热带亚洲和热带美洲间断分布的只有苦木（*Picrasma*）和泡花树（*Meliosma*）2属。热带亚洲至热带非洲的有大豆（*Glycine*）和杠柳（*Periploca*）2属。旧世界热带分布型有9属，如槲寄生（*Viscum*）属等。热带亚洲至热带大洋洲分布型有臭椿（*Ailanthus*）、天麻（*Gastrodia*）、荛花（*Wikstroemia*）等6属。热带亚洲分布8属，如黄连木（*Pistacia*）、构树（*Broussonetia*）等属。它们在野生药用植物区系组成中不具有重要意义。

上述分析表明，本区热带分布型的属中以泛热带分布类型为主，典型的热带属则相对较少，这说明晋城野生药用植物区系的热带性质不突出。

6.3.3 温带分布

温带分布属（8-11，14）有245属，占总属数的73.35%，是晋城野生药用植物区系的优势地理成分，也是该区系性质的主要体现者。

北温带分布是温带分布中最为丰富的一类，128属，占总属数的38.32%，是植物区系属的主要组成成分，也是具有重要生态价值和药用价值的植物资源。其中木本29属，草本98属，藤本1属。木本植物有红豆杉（*Taxus*）、杨（*Populus*）、榛（*Corylus*）、桑（*Morus*）、榆（*Ulmus*）等属是构成森林植被的建群植物或主要优势成分。草本植物以多年生草本占优势，有芍药（*Paeonia*）、地榆（*Sanguisorba*）、防风（*Saposhnikovia*）、薄荷（*Mentha*）、紫菀（*Aster*）、黄精（*Polygonatum*）等属。藤本只有葡萄（*Vitis*）1属。旧世界温带分布有52属，如石竹（*Dianthus*）、白屈菜（*Chelidonium*）、连翘（*Forsythia*）、旋覆花（*Inula*）、牛蒡（*Arctium*）等属。东亚和北美间断分布属有28属，主要代表性的属有五味子（*Schisandra*）、皂荚（*Gleditsia*）、人参（*Panax*）、藿香（*Agastache*）等属。

东亚分布有28属，如五加（*Acanthopanax*）、败酱（*Patrinia*）、桔梗（*Platycodon*）、苍术（*Atractylodes*）、半夏（*Pinellia*）、黄檗

(*Phellodendron*) 等属。温带亚洲分布属有 9 属，大多为草本植物，有大黄（*Rheum*）、地蔷薇（*Chamaerhodos*）、狼毒（*Stellera*）等属。

6.3.4　中国特有属（15）

本类型在晋城野生药用植物中只有翼蓼（*Pteroxygonum*）、独根草（*Oresitrophe*）、羌活（*Notopterygium*）、天门冬（*Asparagus*）、知母（*Anemarrhena*）5 属，全为草本植物。

6.3.5　其他分布（12、13）

地中海、西亚至中亚分布属有 7 属，如甘草（*Glycyrrhiza*）、牻牛儿苗（*Erodium*）等属，中亚分布有柳叶菜（*Epilobium*）和紫筒草（*Stenosolenium*）2 属。

6.4　野生药用植物种的区系成分统计分析

依照王荷生等，关于华北地区种子植物种的区系地理成分划分方法[6-12]，晋城野生药用植物可划分为 12 个分布区类型及 13 个相关变型（表 6-4），以亚洲温带分布、东亚分布和中国分布占优势。

6.4.1　世界分布

含 19 种，隶属于 12 个科 15 个属，多为一年生或多年生草本植物。如扁蓄（*Polygonum aviculare*）、灰绿藜（*Chenopodium glaucum*）、金鱼藻（*Ceratophyllum demersum*）、苘麻（*Abutilon theophrasti*）、旋花（*Convolvulus arvensis*）、香附子（*Cyperus rotundus*）等。

6.4.2　热带分布（2-7）

晋城野生药用植物中各类热带分布类型的种共 33 种，占总种数的 5.36%，在其区系中不具有重要作用。泛热带分布有 8 种，隶属于 8 科 8 属，常见的有马齿苋（*Portulaca oleracea*）、龙葵（*Solanum nigrum*）、蟋蟀草（*Eleusine indica*）等。旧世界热带分布有 4 种，常见的有习见蓼（*Polygonum plebeium*）、牛膝（*Achyranthes bidentata*）等。热带亚洲至热带大洋洲分布有 3 种，远志（*Polygala tenuifolia*）、茜草（*Rubia cordifolia*）等。热带亚洲至热带非洲分布只有播娘蒿（*Descurainia sophia*）1 种。热带亚洲分布有17种，隶属于12科16属，有代表性的草本植物有打碗花（*Calystegia hedracea*）、香薷（*Elsholtzia ciliata*）、香蒲（*Typha orientalis*）、牡蒿（*Artemisia japonica*）等，乔木和灌木有山合欢（*Albizia kalkora*）、盐肤木（*Rhus chinensis*）、牛奶子（*Elaeagnus umbellata*）等。

6.4.3 温带分布（8-11，14）

各类型温带分布种共计386种，占总种数的62.66%，占绝对优势，是晋城野生药用植物区系的主要成分。其中以温带亚洲和东亚分布为主，占温带分布的76.4%。

北温带分布型含41种，隶属于24科38属，绝大多数是草本植物，重要的有蒺藜（*Tribulus terrestris*）、欧当归（*Levisticum officinale*）、薄荷（*Mentha haplocalyx*）、铃兰（*Convallaria majalis*）等。东亚和北美间断分布包含6种，归于6科6属，全是草本植物，有尖叶假龙胆（*Gentianella acuta*）、鸭跖草（*Commelina communis*）等。

旧世界温带分布含44种，隶属于25科42属，绝大多数是草本植物，如玉竹（*Polygonatum odoratum*）、地榆（*Sanguisorba officinalis*）、王不留行（*Vaccaria segetalis*）、阿尔泰银莲花（*Anemone altaica*）、荆芥（*Nepeta cataria*）、款冬（*Tussilago farfara*）、手参（*Gymnadenia conopsea*）；少数为乔木和灌木，重要的有沙棘（*Hippophae rhamnoides*）、毛黄栌（*Cotinus coggygria* var. *pubescens*）和枸杞（*Lycium chinense*）等。

温带亚洲分布及其变型有155种，隶属于51科114属，是温带分布型中最多的一种，乔灌草各种生活型都有，是各类植被中的常见种类或群落的优势种和建群种。乔木有桑（*Morus alba*）、黄檗（*Phellodendron amurense*）、榆（*Ulmus pumila*）等，灌木有小叶鼠李（*Rhamnus parvifolia*）、地梢瓜（*Rhodostegiella thesioides*）、刺五加（*Acanthopanax senticosus*）等，草本植物重要的有藿香（*Agastache rugosa*）、防风（*Saposhnikovia divaricata*）、白芷（*Angelica dahurica*）、败酱（*Patrinia scabiosaefolia*）、蒲公英（*Taraxacum mongolicum*）、射干（*Belamcanda chinensis*）、野艾蒿（*Artemisia lavandulaefolia*）等。

东亚分布及其变型有144种，仅次于温带亚洲分布的温带地理成分，许多种类是植被的优势成分。其中东亚分布型有16种，如侧柏（*Platycladus orientalis*）、石竹（*Dianthus chinensis*）、天门冬（*Asparagus cochinchinensis*）等，中国-喜马拉雅分布变型有17种，隶属11科15属，如龙牙草（*Agrimonia* pilosa）、川贝母（*Fritillaria cirrhosa*）、马蔺（*Iris pallasii* var. *chnensis*）等。

中国-日本分布变型有111种，代表性种有北马兜铃（*Aristolochia contorta*）、穿龙薯蓣（*Dioscorea nipponica*）、商陆（*Phytolacca acinosa*）、翻白草（*Potentilla discolor*）、苦参（*Sophora flavescens*）、丹参（*Salvia miltiorrhiza*）等。

6.4.4 中国特有分布

含197种，占总种数的31.98%，隶属于58科140属，是晋城野生药用植物分布的第二优势地理成分。按照它们的地理分布，可分为10个变型。其中华北、三北（西北-华北-东北）型、西南-西北-华北亚型、西南-江南-华北亚型4个类型共有141种，占中国特有分布型的71.6%，是中国特有分布型中的主要类型。

6.4.4.1 华北特有

本变型共有27种，乔木有华山松（*Pinus armandi*）等，藤本有山葡萄（*Vitis amurensis*）、黄花铁线莲（*Clematis intricata*）等，草本植物代表性的有米口袋（*Gueldenstaedtia multifora*）、白首乌（*Cynanchum bungei*）、曼陀罗（*Datura stramonium*）、数种沙参（*Adenophora stricta.*）等。

6.4.4.2 三北（西北-华北-东北）型

本亚型共27种，乔木有油松（*Pinus tabulaeformis*）、花楸（*Sorbus pohuashanensis*）等，其中油松是山西温性针叶木林的主要建群种之一[13]。灌木有美蔷薇（*Rosa bella*）、毛叶丁香（*Syringa pubescens*）、百里香（*Thymus mongolicus*）等，草本代表性的有地丁草（*Corydalis bungeana*）、秦艽（*Gentiana macrophylla*）、风轮菜（*Clinopodium chinese*）等。

6.4.4.3 西南-西北-华北亚型

本亚型共有27种，乔木有白皮松（*Pinus bungeana*）、红桦（*Betula albo-sinensis*）、匙叶栎（*Quercus baronii*），草本代表性植物有缬草（*Valeriana officinalis*）、羌活（*Notopterygium forbesii*）、数种乌头（*Aconitum* spp.）、数种小檗（*Berberis* spp.）等。

6.4.4.4 西南-江南-华北亚型

本亚型共有60种，是中国特有分布型中种类最多的一类，各种生活型的植物都有，代表性的乔木植物有南方红豆杉（*Taxus mairei*）、花椒（*Zanthoxylum bungeanum*）等，灌木有五加（*Acanthopanax gracilistylus*）、连翘（*Forsythia suspensa*）等，藤本有华中五味子（*Schisandra sphenanthera*）、杜柳（*Periploca sepium*）等，其中连翘和杠柳是暖温带低山丘陵区灌丛的建群种或优势种[14]。草本有大叶三七（*Panax pseudo-ginseng*）、野百合（*Lilium brownii*）、筋骨草（*Ajuga ciliata*）、异叶败酱（*Patrinia heterophylla*）、糙苏（*Phlomis umbrosa*）等。

6.4.4.5 其他亚型

其他亚型包括中国分布、东北-华北、东北-华东、西南-西北、江南华北、华中-华北、江南-华北或至东北分布亚型，共56种，重要的有北柴胡（*Bupleurum chinense*）、金莲花（*Trollius chinensis*）、粉条儿菜（*Aletris spicata*）、淫羊藿（*Epimedium brevicornum*）、红蓼（*Polygonum orientale*）等，它们在晋城野生药用植物区系中不占有重要地位。

6.5 结论

根据以上对晋城野生药用植物区系地理成分的分析，可以得出如下结论：

（1）晋城野生药用植物种类丰富，共101科、379属、635种，其中裸子植物3科5属9种；单子叶植物12科49属64种；双子叶植物86科325属562种。

（2）晋城野生药用植物区系地理成分复杂。从表6-4可以看出晋城野生药用植物分布区包括了中国种子植物属所有的15个分布区类型，具有各种区系成分并存、区系多样性复杂的特征。

（3）晋城野生药用植物属和种的分布区类型中，温带成分占绝对优势，分别为76.05%和62.66%，在属的温带成分中北温带分布型最为显著，占总属数的38.32%，而种以温带亚洲分布型和东亚分布型最为显著，分别占总种数的24.51%和23.38%，进一步显示出晋城野生药用植物分布区突出的温带特征。

（4）从中国特有种分布来看，以华北、三北（西北-华北-东北）型、西南-西北-华北亚型、西南-江南-华北亚型四个类型为主，共计141种，占中国特有种总数的71.57%，这与其所处的地理位置是一致的。

参考文献

[1] 田改萍，魏燕，宋军芳．浅析晋城市气候概况及农业气象灾害

[J]. 山西气象, 2005, 4: 20-21.
[2] 遆星亮. 山西省农业自然资源丛书, 十, 晋城市卷 [M]. 北京: 中国地图出版社, 1992: 12-13.
[3] 王惠玲, 李秀芬. 山西历山野生植物资源研究 [J]. 山西大学学报 (自然科学版), 2005, 28 (4): 436-438.
[4] 陈廷贵, 张健彪, 张金屯, 等. 雪花山植物资源研究 [J]. 山西大学学报 (自然科学版), 1998, 21: 232-236.
[5] 吴征镒. 中国种子植物属的分布区类型 [J]. 云南植物研究, 1991, 增刊Ⅳ: 1-139.
[6] 王荷生, 张镱锂, 黄劲松. 华北地区种子植物区系研究 [J]. 云南植物研究, 1995, 增刊Ⅶ: 32-54.
[7] 王荷生, 吴志芬, 张镱锂. 华北植物区系地理 [M]. 北京: 科学出版社, 1997: 53-94.
[8] 张建民, 张峰, 樊龙锁. 山西历山种子植物区系研究 [J]. 植物研究, 2002, 22 (4): 444-452.
[9] 茹文明, 张金屯, 张峰, 等. 晋东南山地种子植物区系研究 [J]. 西北植物学报, 2005, 25 (5): 991-998.
[10] 刘晓铃, 谢树莲. 山西历山自然保护区野生观赏植物研究 [J]. 山西大学学报 (自然科学版), 2005, 28 (2): 189-191.
[11] 茹文明, 张峰. 太行山南部植物区系的初步研究 [J]. 山西大学学报 (自然科学版), 1993, 16 (4): 435-440.
[12] 茹文明, 张峰. 山西中条山东部种子植物区系分析 [J]. 山西大学学报 (自然科学版), 2000, 23 (1): 82-87.
[13] 张峰. 山西油松林分布区的气候因素排序研究 [J]. 山西大学学报 (自然科学版), 1990, 13 (3): 322-327.
[14] 滕崇德, 窦景新. 山西植被区系概述 [M]. 见马子清编. 山西植被. 北京: 中国科学技术出版社, 2001: 41-43.

下 篇

药用植物逆境响应机制

7 山西道地中药材研究进展

所谓道地药材就是指经过长期临床研究所选出来的，在特定地区，通过特定生产过程所制造的，较其他地区所产的同种药材品质佳、疗效好，并具有较高知名度的药材[1]。山西道地药材的生产历史悠久，中药文化底蕴深厚，山西中药资源量位列全国第4，中药材的种类、储量、种植面积和产量均处于全国前列[2]。近年来，山西省积极挖掘中药产业发展优势，根据国家中医药发展战略规划，相继出台了《山西省中药材保护和发展实施方案》《山西省人民政府办公厅关于推进中药材产业高质量发展的意见》（晋政办发〔2022〕52号）、山西省人民政府《关于建设中医药强省的实施方案》（2020年3月）等多项政策措施，为提高山西省中药材资源优势和市场竞争力奠定了坚实的基础。

近年来，中药的疗效受到国内外的普遍关注，国外学者也致力于研究山西道地药材的功效，如苦参的抗菌[3]、抗炎[4]、抗肿瘤[5]和降血糖作用[6]；黄芩黄酮抗衰老作用机制[7]；连翘的抗炎活性[8]；党参的免疫调节作用[9]；远志的抗抑郁有效成分及作用机制[10]；甘草的抗炎杀菌性[11]；知母皂苷对老年痴呆症的防治作用[12]。

本研究从山西道地药材的分布，有效成分和功效及分子生物学和生理生态学方面的研究进行综述，了解山西道地药材的研究成果，发现存在的不足，提出今后的研究方向，旨在为提高山西道地药材的产量和质量，更好地发挥其药用价值提供帮助。

7.1 山西道地中药材及其分布

山西省是我国药材资源大省，药材种类丰富，据第四次中药资源普查初步统计，山西省现有1 788种中药材，其中，道地药材达30多种[13]。受地理位置、地形地貌、气候条件、土壤类型等因素的影响，在山西各地集中分布的道地药材种类如下。

7.1.1 山西北部药材

山西北部地区根据行政划分包括大同、朔州、忻州3个市，分布于北部的道地药材有：柴胡（*Bupleurum chinense* DC.）、黄芪［*Astragalus membranaceus*（Fisch.）Bge. var. *mongholicus*（Bge.）Hsiao］、知母（*Anemarrhena asphodeloides* Bge.）、甘草（*Glycyrrhiza uralensis* Fisch.）、麦冬［*Ophiopogon japonicus*（Linn. f.）Ker-Gawl.］、黄芩（*Scutellaria baicalensis* Georgi）。

7.1.2 山西中部药材

中部地区即吕梁、太原、阳泉、晋中四地，所产的药材包括：甘草、连翘［*Forsythia suspense*（Thunb.）Vahl］、丹参（*Salvia miltiorrhiza* Bge.）、板蓝根（菘蓝）（*Isatis indigotica* Fort.）、黄芩。

7.1.3 山西南部药材

南部地区包括临汾、长治、晋城、运城4个市，主产药材为：刺五加［*Acanthopanax senticosus*（Rupr. etMaxim.）Harms］、射干［*Belamcanda chinensis*（L.）DC.］、党参［*Codonopsis pilosula*（Franch.）Nannf.］、连翘、生地（地黄）（*Rehmannia glutinosa* Libosch.）、柴胡、苦参（*Sophora flavescens* Ait.）、板蓝根、远志（*Polygala tenuifolia* Willd.）、瓜蒌（栝楼）（*Trichosanthes kirilowii* Maxim.）、防风［*Saposhnikovia divaricata*（Turcz.）Schischk.］、丹参、麦冬、黄芩、贝母［*Bolbostemma paniculatum*（Maxim.）Franquet］、猪苓［*Polyporus umbellatus*（Pers.）Fries］、山茱萸（*Cornus officinalis* Sieb. et Zucc.）。

在这些药材中，除了黄芩在山西全省均有分布外，北部和中部共有的种类有甘草，北部和南部共有的种类有柴胡和麦冬，中部和南部相同的种类较多，有连翘、丹参、板蓝根。相比较而言，山西南部的道地药材种类比北部和中部多，而且产量也大。

7.2 山西道地中药材有效成分及功效研究

在山西道地中药材中，能够分离出生物碱、有机酸类、皂苷类、黄酮类、多糖类等有效成分，这些有效成分具有多种生物活性，在临床上有广泛用途。

7.2.1 含有生物碱类的中药材

有研究发现,党参中含有吡咯烷鎓[14-15]、党参碱、党参次碱[16-17],党参生物碱的药理作用主要是对神经系统的作用,具有保护神经细胞、提高学习记忆能力以及减轻阿尔茨海默病症状等[18]。从苦参中分离到的生物碱主要有苦参碱、臭豆碱、苦豆碱、羽扇豆碱等类型[19]。其中,苦参碱具有显著的抗肿瘤、抗肝炎病毒、抗心血管疾病作用[20-24]。常宝勤等[25]用紫外分光光度法测定板蓝根中的生物碱类靛玉红、靛蓝的质量分数,这2种生物碱具有保护肝脏、治疗白血病、抗菌、抗病毒等作用。何立巍等[26]研究发现,板蓝根总生物碱类对感染甲型流感病毒的小鼠有保护作用。张继等[27]研究结果显示,甘草生物碱成分为喹啉衍生物类及异喹啉衍生物类,甘草的根和根茎具有清热解毒、止咳祛痰、补脾和胃等功效,这与甘草生物碱成分有关。金宝渊等[28]用光谱分析法鉴定出远志的生物碱为咔啉类衍生物。瓜蒌干燥果皮脂溶性部分含有一种特有的生物碱——栝楼酯碱[29],但其药理活性未见报道。贝母中的甾体生物碱种类多,其中主要是西贝素和西贝素苷,它们是贝母止咳、化痰作用的有效成分[30]。

7.2.2 含有有机酸的中药材

有机酸是中药材的有效活性成分之一,具有抗菌、消炎等作用。不同中药材中的有机酸种类不同,如党参中的有机酸主要是丁香酸、丁香醛、烟酸以及香草酸4种[31]。板蓝根药材中的有机酸是水杨酸、丁香酸、苯甲酸和邻氨基苯甲酸[32]。巢志茂等[33]在5种瓜蒌果皮挥发油中发现了15种有机酸,其中,棕榈酸含量最高,其次是亚麻酸和亚油酸。

7.2.3 含有皂苷类的中药材

党参皂苷具有增强免疫力、抑菌、抗氧化和抗癌等作用。曹发昊等[34]研究发现,党参皂苷能增强细胞免疫、体液免疫功能,可以作为免疫增强药物。邓宝安等[35]研究表明,党参皂苷提取物具有很强的抗菌活性。方志娥等[36]研究结果显示,党参总皂苷对人肝癌SMMC-7721细胞有抑制作用。苦参根中三萜皂苷类主要有苦参皂苷Ⅰ、Ⅱ、Ⅲ、Ⅳ,大豆皂苷Ⅰ。三萜皂苷类具有抗肿瘤、抗菌消炎、抗病毒等生物活性[37]。知母根茎中含有甾体皂苷类,是知母首要的药理活性成分[38],其中知母皂苷BⅡ以及知母皂苷AⅢ等甾体皂苷类具有改善学习记忆、抗老年痴呆的作用[39]。柴胡中含有较多的皂苷类化合物,其中柴胡皂苷 A、C、D 是其主要活性成分[40]。李肖等[41]研究发现,柴胡中的柴胡皂苷 A 和 D 等活性成分具有抗抑郁效果。宋吉美等[42]研究表明,柴胡皂苷 A 和 D 具有明显的抗炎和免疫调节作用。相关研究表明,柴胡皂苷类成分具有良好的保肝护肝作用[43],柴胡、刺五加、麦冬的皂苷、具有抑制癌细胞的生长、侵袭、迁移功能[44-46]。刺五加皂苷还有抗氧化功能[47]。黄芪皂苷类成分主要有黄芪皂苷、异黄芪皂苷、乙酰黄芪皂苷、环黄芪苷和大豆皂苷等。黄芪皂苷是黄芪中重要的活性成分之一,具有抗肿瘤、抗衰老、抗病毒、免疫调节、保护心血管系统等功能[48]。王敏等[49]研究发现,黄芪皂苷Ⅱ可激活 CD45PTPase,诱导 Th1 细胞反应,增强抗肿瘤免疫反应。郑恒等[50]研究表明,黄芪皂苷可改善心肌损伤,增强心功能,抑制心肌细胞凋亡。甘草皂苷类中的三萜皂苷是甘草中最主要的一类化学成分,具有保肝活性[51]。费书珂等[52]研究表明,甘草皂苷可显著改善急性胰腺炎小鼠的炎症水平,减轻胰腺组织损伤。远志皂苷为中药远志中的三萜皂苷类成分,是其发挥药效的主要成分之一。远志皂苷具有抗氧化、抗衰老、抗癌、保护心脑血管及神经等作用[53]。梁义等[54]研究发现,远志皂苷 D 通过 Wnt/β-catenin 信号通路抑制结直肠癌的生长和转移。皮婷等[55]研究结果显示,远志皂苷可抑制 LPS 诱导的细胞炎症因子的释放及表达,具有保护神经细胞炎症损伤的作用。

7.2.4 含有黄酮类的中药材

黄酮类化合物具有清除自由基、抗氧化、抗癌、抗菌、抗过敏、抗炎症、抗病毒等多种生物活性及药理作用,对人类的肿瘤、衰老、心血管等疾病的治疗和预防也具有重要意义。山西道地药材中含有黄酮类的有连翘、黄芪、甘草、柴胡、远志党参、苦参、板蓝根、黄芩、射干、麦冬、山茱萸等,它们各有不同的功效。连翘中的黄酮类化合物具有一定的清除羟自由基的能力[56]。李平等[57]研究发现,连翘黄酮能显著抑制胃癌细胞 MGC80-3,促进细胞自噬性死亡。杜虹韦等[58]研究表明,黄芪黄酮提取物能抑制 S180 小鼠肿瘤细胞的生长,对肿瘤细胞的凋亡有一定的促进作用。邵洋等[59]研究推测黄芪黄酮与葛根黄酮配伍,通过 APN/AMPK 的相关信号通路有降低血糖、血脂的作用。陈浩等[60]研究表明,甘草黄酮对 MPTP 帕金森病小鼠 DA 能神经元具有神经保护效应。相关研究发现,柴胡黄酮、远志黄酮、党参黄酮具有一定的抗氧化性[61-63]。王继光等[64]研究发现,苦参总黄酮有抗心律失常的作用。张洪江等[65]利用分子对接方法研究了板蓝根中 15 个黄酮化合物对神经氨酸酶的抑制作用,为板蓝根抗流感病毒的物质基础提供线索。龙旭等[66]研究显示,丹参总黄酮对革兰氏菌有抑制作用,其大小依次为:大肠埃希菌>金黄色葡萄球菌>铜绿假单胞菌。相关研究发现黄芩黄酮有抗衰老作用[67]。

7.2.5　含有多糖类的中药材

中药材中多糖也是其中重要的活性成分之一,起着不同的药用功效,如党参、黄芪、甘草的多糖[68-70]能够参与调节免疫活性;党参、知母、柴胡、黄芪的多糖[42,71-73]起到抗炎症功能;甘草多糖[74],苦参、党参多糖[75-76],具有抗氧化功能。

7.2.6　含有其他有效成分的中药材

除了以上5种主要有效成分外,山西中药材中还有多种化学成分,牛天增等[77]从党参中提取的有效成分还包括了苍术内脂Ⅲ,苍术内脂Ⅲ能够改善肠道炎症,可用于临床治疗肿瘤及损伤。张娜等[78]研究表明,地黄(生地)甾醇类成分具有调节免疫,减少血管通透性,抑制血管内皮炎症,抑制关节滑膜炎症的作用。李亚妮等[79]通过FTIP指纹图谱的研究,发现远志醇溶性浸出物中有大量的脂类物质,并且证实了山西远志醇溶性浸出物中脂溶性成分含量高。

7.2.7　道地药材有效成分提取工艺研究

目前研究注重优化药材主要有效成分的提取工艺,使得所提取的有效成分含量更加优质,提取率更高。最常用的提取方法有Box-Behnken响应面优化法、正交试验优化法、超声波提取法。如连翘黄酮、连翘多糖、远志黄酮、甘草多糖的提取利用Box-Behnken响应面优化法[74,80-82];板蓝根多糖、党参多糖的提取利用超声波提取法[83-84];知母黄酮、瓜蒌黄酮、黄芪多糖的提取利用正交优化法[85-87]。

有些研究还利用HPLC指纹图谱对药材的有效成分进行分析,确定药材有效成分的含量,鉴定不同产地、不同品种药材的质量,为药材质量控制提供依据。关琳静等[88]采用RP-HPLC色谱法,将潞党参和其他不同产地党参的有效成分进行对比,结论可用于测定山西潞党参的质量。张丽增等[89]建立不同批次山西远志的HPLC指纹图谱,表明山西远志药材有效成分组成一致,质量稳定,该法也可用于快速鉴定不同产地的山西远志。乔丽芳等[90]建立了山西不同地区所产黄芩叶的黄酮类物质的 HPLC 指纹图谱，测定出不同产地黄芩黄酮含量，为黄芩质量评价提供依据。

7.3 山西道地中药材分子生物学研究

随着现代分子生物学技术、现代仪器分析技术和计算机技术的发展，这些技术开始逐步应用于中药材的品种鉴定和品质研究。中药分子鉴定是应用 DNA 分子标记技术鉴定中药材的方法。DNA 分子标记技术具有特异性强、痕量、方便、准确的特点。马宁[91]利用 ITS 序列的差异，鉴别黄芪的正品与伪品。詹海仙等[92]对山西省 3 种野生黄芩叶绿体基因组序列的 SSR 位点进行了分析，从分子水平对黄芩进行了快速、准确的鉴定。昌秦湘等[93]综述了 RAPD、SSR、ISSR、SNP 4 种不同分子标记在连翘品种鉴定、遗传多样性和亲缘关系等方面的应用。

PCR 技术广泛应用于中药材鉴定和基因克隆及表达分析中，蒲雅洁[94]运用 PCR 技术鉴定出与远志皂苷合成有关的关键酶。王晓林等[95]克隆出党参中甘油醛-3-磷酸脱氢酶基因，并分析干旱胁迫下基因的表达，结果表明该基因与党参多糖的合成相关。王宝霞等[96]利用 PCR 技术鉴定出侵染板蓝根的病毒为蚕豆萎蔫病毒 2 号。此技术还用于柴胡、黄芪、远志、苦参品种的鉴定[97-100]，根据基因序列遗传距离，结果可分析不同品种在基因方面的差别。

有学者还利用了优化的 PCR 分析技术，如苦参、黄芪、甘草的 SSR-PCR 反应体系[101-103]、板蓝根的 RAPD-PCR 反应体系[104]，这些技术可为药材鉴定及遗传多样性分析提供一个标准化程序。

7.4 山西道地中药材抗性生理生态研究

山西省处于我国的半干旱地区，水资源匮乏，同时土地盐渍化程度严重，所以，药用植物在受到干旱危害的同时，也受到盐碱的胁迫，影响了中药材的产量和质量。因此，许多学者着眼于药用植物的抗逆性研究，从植物生理和生态方面了解药用植物应对干旱和盐碱胁迫的适应机制，取得了较多的研究成果。

7.4.1 干旱胁迫研究

过度干旱使药用植物缺水，导致生长受到抑制，对药材的品质和各项生理指标有重要影响,因此,每年干旱期给药材的生产造成了很大的损失。干旱试验表明,有些药用植物在轻度干旱胁迫下仍可正常生长,具有一定耐旱性。王惠珍等[105]研究结果表明,轻度干旱胁迫下党参各项生理指标均处于正常水平。韩丽君等[106]研究干旱胁迫下连翘体内保护酶活性的变化,结果发现,轻度干旱胁迫可使连翘体内的保护酶含量增加,使连翘具有一定的抗干旱能力。

轻度干旱胁迫还可促进药用植物有效成分的合成。梁建萍等[107]对黄芪进行不同程度干旱胁迫的研究,结果表明,轻度的干旱胁迫能够促进黄芪根部有效成分的积累,但中度和重度胁迫对黄芪的生长起抑制作用。雷瑞祥等[108]采用不同浓度 PEG-6000 模拟干旱胁迫,结果发现,适当的干旱胁迫,有利于远志体内有效成分的积累。

当对药用植物施加一定含量的外源激素,可有效缓解干旱胁迫。韩晓伟等[109]研究表明,在不同干旱程度下,用适当浓度的外源脱落酸喷施于柴胡叶面,可提高柴胡的耐旱性,同时促进皂苷含量的增加。王楠等[110]研究发现,用 50 mg/L 赤霉素浸种 48 h,可以缓解重度干旱对黄芪种子萌发和幼苗生长的影响。安钰等[111]用不同浓度的 $CaCl_2$ 喷施甘草叶片 7 d 后,发现干旱对甘草的伤害得到缓解。

以上的研究表明,药用植物在轻度的干旱胁迫下生理状态正常,同时轻度胁迫能够促进药用植物有效物质的积累,但是随着干旱胁迫的加剧,当超过一定值时会对药材幼苗的生长起抑制作用,因此可知山西道地药材具有一定的抗旱能力。并且相关研究结果表明施加某些外源物质可以缓解或消除干旱胁迫对植物的伤害。

7.4.2 盐胁迫研究

山西道地药材的生产也受到盐渍化土地的危害。在众多的缓解药用植物盐胁迫的研究中,施加外源成分起了很大的作用。刘福顺等[112]研究结果表明,苦参在轻度盐胁迫时具有耐盐性,当盐浓度超过一定值后,苦参的生长就会受到抑制,而 ALA(5-氨基乙酰丙酸)在苦参种子萌发时能够起到缓解盐胁迫的作用。刘建霞等[113]研究发现,用萘乙酸浸种和在幼苗期对黄芪叶面施加一定浓度的萘乙酸,可以有效缓解盐胁迫对黄芪的伤害作用。柳福智等[114]研究表明,施加适当浓度的外源海藻糖能够缓解对盐胁迫甘草幼苗的伤害,或施加外源硅[115]也具有一定的缓解作用。华智锐等[116]、李小玲等[117]通过对黄芩幼苗施加外源吲哚乙酸、外源茉莉酸甲酯发现可以缓解盐胁迫的伤害，增加其耐盐性。

以上研究表明，山西道地药材均有一定的耐盐性，在低浓度的盐溶液中山西道地药材可以保持正常的生理活性，随着盐浓度的升高，植物生长受到抑制。但利用一些外源糖类、矿质元素、有机酸、植物激素等可以缓解盐胁迫下植物受到的伤害，并促进有效物质的积累。这些研究成果为生产实践中提高山西道地药材的抗盐性提供了理论依据。

7.4.3 其他逆境胁迫研究

药用植物在生长的过程中，矿质元素也会对植物的生长产生一定的影响。有些学者研究认为，党参在铜胁迫和镉胁迫下，可在基质中添加适当凹凸棒石黏土，以缓解胁迫对植株的伤害[118-119]。黄芪在镉胁迫时生长受到抑制，但凹凸棒黏土能够有效缓解镉胁迫对黄芪的伤害作用[120]。板蓝根幼苗在镉胁迫、铅胁迫、铜胁迫[121]下均会受到伤害，抑制其生长。但低浓度的钙离子可以缓解镉胁迫[122]，适当浓度的硅可以缓解铅胁迫[123]。

7.5 展望

山西省是我国的中药材资源大省，也是中药材主产区。随着中医药产业的发展，道地中药材生产已经成为山西的重要产业之一。山西道地药材的种类、品质与山西的地形地貌、气候条件、土壤性质相适应，具有一定的抗逆性，所提取的成分含量、品质优于其他品种，有效成分的应用更加突出。关于山西道地中药所进行的有效成分和功效、分子生物学和生理生态方面的研究都取得了较多的成果，并且有些已经用于临床医学、药物生产及药材生产实践中。但是目前的研究取材大部分只局限于市面易获取的药材，对野生药材的研究相对较少，所以今后关于山西道地药材的研究应更加注重野生资源的挖掘和开发利用，深入研究野生药材的有效成分，优化成分提取工艺，使更多药材有效成分的提取纯度及含量更高，还要关注野生药材有效成分的临床应用。同时注重新品种的培育，从药材分子生物学和生理生态学方面进行研究，以便提高药材的质量和产量，更好地发挥药用价值。

参考文献

[1] 蔡少青，秦路平．生药学［M］．北京：人民卫生出版社，2016.

[2] 许贞, 李妍芃, 陈静, 等. 山西道地药材质量研究概述 [J]. 中国试验方剂学杂志, 2018, 24 (24): 60-66.

[3] OH I, YANG W Y, CHUNG S C, et al. In vitro sortase a inhibitory and antimicrobial activity of flavonoids isolated from the roots of *Sophora flavescens* [J]. Archives of Pharmacal Research, 2011, 34 (2): 217-222.

[4] KIM D W, CHI Y S, SON K H, et al. Effects of sophoraflavanone G, a prenylated flavonoid from *Sophora flavescens*, on cyclooxygenase-2 and *in vivo* inflammatory response [J]. Archives of Pharmacal Research, 2002, 25 (3): 329-335.

[5] KWON M, KO S K, JANG M, et al. Inhibitory effects of flavonoids isolated from *Sophora flavescens* on indoleamine 2, 3-dioxygenase 1 activity [J]. Journal of Enzyme Inhibition and Medicinal Chemistry, 2019, 34 (1): 1481-1488.

[6] KIM J H, CHO C W, KIM H Y, et al. α-Glucosidase inhibition by prenylated and lavandulyl compounds from *Sophora flavescens* roots and in silico analysis [J]. International Journal of Biological Macromolecules, 2017, 102: 960-969.

[7] AKIGUCHI I, PALLÀS M, BUDKA H, et al. SAMP8 mice as a neuropathological model of accelerated brain aging and dementia: Toshio Takeda's legacy and future directions [J]. Neuropathology: Official Journal of the Japanese Society of Neuropathology, 2017, 37 (4): 293-305.

[8] TSAI K S, GRAYSON M H. Pulmonary defense mechanisms against pneumonia and sepsis [J]. Current Opinion in Pulmonary Medicine, 2008, 14 (3): 260-265.

[9] LEE Y G, KIM J Y, LEE J Y, et al. Regulatory effects of *Codonopsis lanceolata* on macrophage-mediated immune responses [J]. Journal of Ethnopharmacology, 2007, 112 (1): 180-188.

[10] CHENG M C, LI C Y, KO H C, et al. Antidepressant principles of the roots of *Polygala tenuifolia* [J]. Journal of Natural Products, 2006, 69 (9): 1305-1309.

[11] KWON H S, OH S M, KIM J K. Glabridin, a functional compound

of liquorice, attenuates colonic inflammation in mice with dextran sulphate sodium-induced colitis [J]. Clinical and Experimental Immunology, 2008, 151 (1): 165-173.

[12] LEE B M, JUNG K, KIM D H. Timosaponin AIII, a saponin isolated from *Anemarrhena asphodeloides*, ameliorates learning and memory deficits in mice [J]. Pharmacology Biochemistry and Behavior, 2009, 93 (2): 121-127.

[13] 李晓霞. 山西省几种道地药材野生抚育技术研究 [D]. 杨凌: 西北农林科技大学, 2012.

[14] WAKANA D, KAWAHARA N, GODA Y. Three new triterpenyl esters, codonopilates A-C, isolated from *Codonopsis pilosula* [J]. Journal of Natural Medicines, 2011, 65 (1): 18-23.

[15] HE J Y, ZHU S, GODA Y, et al. Quality evaluation of medicinally-used *Codonopsis* species and *Codonopsis Radix* based on the contents of pyrrolidine alkaloids, phenylpropanoid and polyacetylenes [J]. Journal of Natural Medicines, 2014, 68 (2): 326-339.

[16] ISHIDA S, OKASAKA M, RAMOS F, et al. New alkaloid from the aerial parts of *Codonopsis clematidea* [J]. Journal of Natural Medicines, 2008, 62 (2): 236-238.

[17] WAKANA D, KAWAHARA N, GODA Y. Two new pyrrolidine alkaloids, codonopsinol C and codonopiloside A, isolated from *Codonopsis pilosula* [J]. Chemical & Pharmaceutical Bulletin, 2013, 61 (12): 1315-1317.

[18] 谢琦, 程雪梅, 胡芳弟, 等. 党参化学成分、药理作用及质量控制研究进展 [J]. 上海中医药杂志, 2020, 54 (8): 94-104.

[19] 李凡, 杨远贵, 谷丽华, 等. 苦参的化学成分及生物活性研究进展 [J]. 上海中医药杂志, 2021, 55 (10): 84-100.

[20] CAO X J, HE Q Q. Anti-tumor activities of bioactive phytochemicals in *Sophora flavescens* for breast cancer [J]. Cancer Management and Research, 2020, 12: 1457-1467.

[21] LEE H J, LEE S Y, JANG D, et al. Sedative effect of *Sophora flavescens* and matrine [J]. Biomolecules & Therapeutics, 2017, 25 (4): 390-395.

[22] CAO Y G, JING S, LI L, et al. Antiarrhythmic effects and ionic mechanisms of oxymatrine from *Sophora flavescens* [J]. Phytotherapy Research: PTR, 2010, 24 (12): 1844-1849.

[23] CANG S, LIU R, WANG T Y, et al. Simultaneous determination of five active alkaloids from Compound Kushen Injection in rat plasma by LC-MS/MS and its application to a comparative pharmacokinetic study in normal and NSCLC nude rats [J]. Journal of Chromatography. B, Analytical Technologies in the Biomedical and Life Sciences, 2019, 1126-1127: 121734.

[24] 王小峰. 苦参碱对肝癌细胞 BEL-7402 凋亡和自噬相关基因表达的影响 [D]. 太原: 山西医科大学, 2014.

[25] 常宝勤, 李梅梅, 蔺华吉, 等. 板蓝根中生物碱靛蓝、靛玉红的提取与分析 [J]. 农业科技与信息, 2019 (22): 40-43.

[26] 何立巍, 吴晓培, 杨婧妍, 等. 板蓝根总生物碱的提取纯化工艺及其抗病毒药理作用研究 [J]. 中成药, 2014, 36 (12): 2611-2614.

[27] 张继, 姚健, 杨永利, 等. 甘草生物碱成分的分析及含量测定 [J]. 西北植物学报, 2001, 21 (6): 211-214.

[28] 金宝渊, 朴政一. 远志生物碱成分的研究 [J]. 中国中药杂志, 1993, 18 (11): 675-677, 702.

[29] 巢志茂, 刘静明. 双边栝楼中栝楼酯碱的结构研究 [J]. 药学学报, 1995, 30 (7): 517-520.

[30] 王冲之, 孙健, 李萍. 贝母类药材生物碱及生物碱苷含量测定方法学研究 [J]. 中国药学杂志, 2003, 38 (6): 415-418.

[31] 邢凤琴, 朱恩圆, 詹慧清. 党参中有机酸的高效毛细管电泳法分析 [J]. 同济大学学报 (医学版), 2001, 22 (5): 15-17, 32.

[32] 李霞, 卢宏波, 刘爱芳, 等. 毛细管电泳法分离测定板蓝根中的活性有机酸 [J]. 华西药学杂志, 2004, 19 (2): 114-117.

[33] 巢志茂, 刘静明, 王伏华, 等. 五种瓜蒌皮挥发性有机酸的分析 [J]. 中国中药杂志, 1992, 17 (11): 673-674, 703.

[34] 曹发昊, 王艳萍. 党参总皂苷纳米乳对小鼠免疫功能的影响 [J]. 西北农林科技大学学报 (自然科学版), 2019, 47 (5):

125-131.

[35] 邓宝安,韩航航,王科杰,等. 党参皂苷提取工艺优化及抑菌应用研究 [J]. 食品工业, 2016, 37 (11): 11-15.

[36] 方志娥,李艳艳,杨雅淋,等. 党参总皂苷对人肝癌 SMMC-7721 细胞的抑制作用及其机制 [J]. 中国药房, 2015, 26 (10): 1356-1359.

[37] 王倩. 苦参主要成分的分离提取及其抗犬流感病毒的研究 [D]. 泰安: 山东农业大学, 2015.

[38] 戴建英,尤巍,田甜,等. HPLC-ELSD 法同时测定知母药材中 5 种成分的含量 [J]. 药学实践杂志, 2022, 40 (1): 34-37.

[39] 蔡飞,王维泓,高守红,等. 知母皂苷及其苷元的药理作用研究进展 [J]. 药学实践杂志, 2011, 29 (5): 331-335.

[40] YUAN B C, YANG R, MA Y S, et al. A systematic review of the active saikosaponins and extracts isolated from *Radix* Bupleuri and their applications [J]. Pharmaceutical Biology, 2017, 55 (1): 620-635.

[41] 李肖,宫文霞,周玉枝,等. 逍遥散中抗抑郁有效成分及其作用机制研究进展 [J]. 中草药, 2015, 46 (20): 3109-3116.

[42] 宋吉美,房国伟,朱建德,等. 柴胡有效成分及其类方治疗桥本甲状腺炎作用机制研究进展 [J]. 山西中医, 2020, 36 (10): 57-59, 62.

[43] 程玉鹏,姜丽丽,王语哲,等. 柴胡皂苷 a 药理学研究进展 [J]. 中华中医药学刊, 2021, 39 (4): 24-27.

[44] 孙延芳,梁宗锁,刘文婷,等. 刺五加皂苷抗乳腺癌细胞活性研究 [J]. 时珍国医国药, 2012, 23 (4): 926-927.

[45] 闫江涛,高立伟,左一凡. 麦冬皂苷 B 对结肠癌细胞增殖、凋亡的影响及其机制研究 [J]. 食品与药品, 2020, 22 (6): 476-480.

[46] 李平,胡建燃,铁军. 柴胡总皂苷通过 Akt/NF-κB 信号通路抑制胃癌细胞 MGC80-3 的增殖和迁移 [J]. 中国细胞生物学学报, 2018, 40 (10): 1727-1735.

[47] 郭丽丽,张茜,郭如洹,等. 刺五加总苷的提取工艺优化及其抗氧化作用 [J]. 食品工业科技, 2019, 40 (18): 152-159.

[48] 赵灵改，吕学泽，刘毅，等．黄芪中皂苷类成分的研究进展［J］．食品安全质量检测学报，2021，12（12）：4937-4946.

[49] 王敏，郑喜，普晓佳，等．黄芪皂苷Ⅱ调控CD45 PTPase诱导抗肿瘤免疫效应的研究［J］．云南中医学院学报，2021，44（2）：1-6.

[50] 郑恒，张聪子，徐金军，等．黄芪皂苷对病毒性心肌炎大鼠PI3K/AKT/mTOR信号通路和心肌细胞凋亡的影响［J］．中华医院感染学杂志，2022，32（23）：3521-3526.

[51] 刘靖丽，闫浩，王钰莹，等．甘草皂苷类化合物结构与保肝活性关系的DFT研究［J］．天然产物研究与开发，2020，32（9）：1515-1521.

[52] 费书珂，张靓，何苦寒．甘草皂苷对小鼠急性胰腺炎疗效及机制研究［J］．中国现代医学杂志，2014，24（19）：26-29.

[53] 高丽娜，周长征，刘青芝，等．远志皂苷类化合物及其药理作用研究进展［J］．北京联合大学学报，2022，36（3）：58-64.

[54] 梁义，李健，白波，等．远志皂苷D通过Wnt/β-catenin信号通路抑制结直肠癌的生长和转移［J］．实用药物与临床，2022，25（12）：1071-1076.

[55] 皮婷，梁月琴，欧雯励蓉，等．远志皂苷元对脂多糖诱发神经细胞炎症损伤的保护作用［J］．中国比较医学杂志，2020，30（11）：52-58.

[56] 刘梦星，王涛，马晶军．微波辅助提取连翘黄酮类化合物及其抗氧化性研究［J］．湖北农业科学，2014，53（3）：651-653，656.

[57] 李平，张桂萍，胡建燃．连翘总黄酮对胃癌细胞MGC80-3增殖的影响［J］．生物技术通报，2018，34（6）：199-203.

[58] 杜虹韦，赵欣蕾．黄芪黄酮对S180小鼠肿瘤细胞的影响研究［J］．黑龙江中医药，2018，47（5）：173-174.

[59] 邵洋，范颖，刘倩，等．基于APN/AMPK信号通路探讨黄芪黄酮与葛根黄酮配伍对糖尿病大鼠骨骼肌糖脂代谢的调控作用［J］．实用中医内科杂志，2021，35（7）：25-29.

[60] 陈浩，师亮，王燕宏，等．甘草黄酮对MPTP帕金森病小鼠多巴胺能神经元的影响［J］．山西医科大学学报，2013，44

[61] 程玉鹏,李弘琨,马爱萍,等.柴胡黄酮类抗氧化作用机制最新研究进展[J].化学工程师,2017,31(7):47-48,51.

[62] 郭丽丽,郭如洹,秦楠,等.远志提取物的工艺、成分及抗氧化活性[J].北方园艺,2019(13):121-129.

[63] 唐文文,陈垣.党参地上茎叶总黄酮提取工艺及其抗氧化活性[J].江苏农业科学,2021,49(17):171-177.

[64] 王继光,吕高虹.苦参总黄酮抗试验性心律失常作用的研究[J].中药药理与临床,2001,17(5):13-14.

[65] 张洪江,何立巍,唐敏.板蓝根中黄酮类化合物抗流感病毒的分子对接研究[J].化工时刊,2018,32(3):19-21.

[66] 龙旭,王蕾萌,龚莉,等.丹参总黄酮提取工艺的优化及其抑菌活性研究[J].化学与生物工程,2023,40(1):25-29,47.

[67] 史敏,段峰,李倩,等.黄芩黄酮抗衰老作用机制研究进展[J].中国美容医学,2020,29(11):174-178.

[68] 王妍.党参多糖CPC的结构解析及其免疫活性研究[D].太原:山西医科大学,2021.

[69] 石丽霞.黄芪活性多糖APS-Ⅱ三氟乙酸降解寡糖片段的免疫活性筛选与结构初探[D].太原:山西大学,2021.

[70] 柴美灵,武晓英,张晓红,等.甘草多糖的免疫调节和抗炎作用机制研究进展[J].中国兽药杂志,2021,55(5):66-71.

[71] 刘雪枫,乔婧,高建德,等.党参多糖对溃疡性结肠炎大鼠结肠上皮NF-κB信号通路的影响[J].中成药,2021,43(6):1445-1450.

[72] 贾小舟,苏慧琳,曾元宁,等.盐知母多糖的抗炎作用研究[J].中医药信息,2020,37(3):1-4.

[73] 范信晖,李科,杨一丹,等.基于分子量分布的黄芪多糖抗炎活性组分筛选及代谢组学调控机制研究[J].药学学报,2022,57(3):783-792.

[74] 柴美灵,李娜,乔宏萍,等.Box-Behnken法优化甘草多糖提取工艺及其体外抗氧化活性分析[J].食品工业科技,2021,42(23):192-200.

[75] 王迎进, 马文辉, 李嘉慧, 等. 苦参多糖的单糖组成分析及体外抗氧化性研究 [J]. 药物分析杂志, 2014, 34 (7): 1187-1191.

[76] 胡建燃, 郭阳, 李平. 潞党参多糖的提取及其抗氧化活性分析 [J]. 中国食品添加剂, 2016 (7): 93-96.

[77] 牛天增, 王玉龙, 侯沁文, 等. 党参功效成分含量与土壤因子相关性分析 [J]. 中国试验方剂学杂志, 2022, 28 (11): 164-172.

[78] 张娜, 唐华燕. 生地苦参汤联合艾拉莫德对类风湿性关节炎患者血清抗CCP抗体及炎症因子的影响 [J]. 陕西中医, 2022, 43 (3): 318-320, 341.

[79] 李亚妮, 魏凤华, 季新燕, 等. 远志药材及醇溶性浸出物的FTIR研究 [J]. 中国现代应用药学, 2014, 31 (2): 159-164.

[80] 王润梅, 张永芳, 刘丽敏, 等. 响应面法优化连翘总黄酮提取工艺研究 [J]. 山西大同大学学报 (自然科学版), 2017, 33 (2): 50-54.

[81] 吕建平. 连翘叶片多糖的提取、分离纯化及抗氧化性研究 [D]. 临汾: 山西师范大学, 2014.

[82] 孙胜杰, 郭亚菲, 王艳, 等. 药对酸枣仁-远志总黄酮及总皂苷提取工艺的响应曲面试验优选 [J]. 时珍国医国药, 2018, 29 (3): 568-571.

[83] 张艳, 赵志刚, 张海容. 超声波辅助提取板蓝根多糖的工艺优化 [J]. 山东化工, 2015, 44 (18): 41-45.

[84] 王艳萍, 王瑞婕. 党参多糖提取工艺研究及党参多糖口服液的制备 [J]. 运城学院学报, 2021, 39 (6): 22-25.

[85] 郝晓华, 高改利, 曹丽蓉, 等. 正交优化知母黄酮超声提取工艺及抗氧化研究 [J]. 太原师范学院学报 (自然科学版), 2019, 18 (1): 82-87.

[86] 韩晓强, 孙海彪, 刘海波. 正交试验法优选瓜蒌总黄酮的提取工艺 [J]. 中国药物与临床, 2014, 14 (10): 1365-1366.

[87] 梁泰帅, 张淼, 姜佳琪. 正交试验优化恒山黄芪多糖微波辅助提取工艺 [J]. 中国民族民间医药, 2022, 31 (1): 63-67.

[88] 关琳静, 连云岚, 李建宽, 等. 潞党参HPLC特征图谱研究

[J]. 中国中药杂志, 2015, 40 (14): 2854-2861.

[89] 张丽增, 张慧芳, 刘晓节, 等. 基于 HPLC 指纹图谱多软件分析的山西远志药材质量均一性评价 [J]. 山西医科大学学报, 2012, 43 (7): 498-502.

[90] 乔丽芳, 王喜明, 杨莹莹, 等. HPLC 法同时测定山西不同区域黄芩叶中 3 种黄酮类成分含量 [J]. 山西医科大学学报, 2021, 52 (4): 494-498.

[91] 马宁. 基于 ITS 序列的黄芪分子生物学鉴别方法的建立 [D]. 太原: 山西大学, 2020.

[92] 詹海仙, 杜晨晖, 刘晓丽, 等. 山西省 3 种野生黄芩属植物表型及分子水平分析 [J]. 西北农业学报, 2022, 31 (4): 498-505.

[93] 昌秦湘, 王晓芳, 闫钊, 等. 分子标记在连翘种质资源研究中的应用 [J]. 山西农业科学, 2021, 49 (2): 253-256.

[94] 蒲雅洁. 远志皂苷生物合成关键酶 CYP716A249 在酿酒酵母中的功能鉴定 [D]. 太原: 山西大学, 2018.

[95] 王晓林, 吉姣姣, 高建平. 党参 CpGAPDH 基因的克隆及表达分析 [J]. 中国中药杂志, 2018, 43 (4): 712-720.

[96] 王宝霞, 齐永红, 辛敏, 等. 蚕豆萎蔫病毒 2 号板蓝根分离株全基因组序列测定与分析 [J]. 中国生物化学与分子生物学报, 2019, 35 (3): 333-340.

[97] 夏召弟, 刘霞, 冯玛莉, 等. 基于 ITS2 条形码鉴定藏柴胡及其易混品 [J]. 中草药, 2020, 51 (23): 6062-6069.

[98] 张利民, 贺润丽, 韩毅丽, 等. 膜荚黄芪和蒙古黄芪的 SSR 鉴定 [J]. 中药材, 2018, 41 (6): 1293-1296.

[99] 樊杰, 白妍, 束明月. 远志及其近缘种的 ITS 序列分析及鉴定 [J]. 山西中医学院学报, 2014, 15 (4): 30-31, 34.

[100] 王立. 基于 ITS2 序列的中药饮片与基原植物的鉴定研究 [D]. 太谷: 山西农业大学, 2016.

[101] 段永红, 渠云芳, 王长彪, 等. 药用植物苦参 SSR-PCR 体系的优化与验证 [J]. 中国农业大学学报, 2014, 19 (5): 95-100.

[102] 刘亚令, 王文全, 侯俊玲, 等. 黄芪 SSR-PCR 反应体系的优化

及初步应用 [J]. 时珍国医国药, 2014, 25 (9): 2227-2229.

[103] 刘亚令, 宋美玲, 侯俊玲, 等. 药用甘草 SSR-PCR 反应体系的优化与引物筛选 [J]. 时珍国医国药, 2017, 28 (3): 740-744.

[104] 姜颖, 杨欣, 于英君. 异地板蓝根基因组 DNA 指纹图谱建立及 RAPD-PCR 反应体系优化 [J]. 中医药学报, 2014, 42 (5): 64-67.

[105] 王惠珍, 陆国弟, 陈红刚, 等. 干旱胁迫对成药期党参生理特性的影响 [J]. 中国中医药信息杂志, 2018, 25 (3): 72-76.

[106] 韩丽君, 郝向春, 刘捷. 干旱胁迫对丽豆等 3 种灌木保护酶活性的影响 [J]. 山西林业科技, 2016, 45 (1): 13-15, 33.

[107] 梁建萍, 贾小云, 刘亚令, 等. 干旱胁迫对蒙古黄芪生长及根部次生代谢物含量的影响 [J]. 生态学报, 2016, 36 (14): 4415-4422.

[108] 雷瑞祥, 杨冰月, 高静, 等. 干旱胁迫对远志愈伤组织次生代谢产物含量及抗氧化酶活性的影响 [J]. 北方园艺, 2020 (22): 109-116.

[109] 韩晓伟, 严玉平, 贾河田, 等. 外源 ABA 对北柴胡抗旱性的影响 [J]. 中药材, 2018, 41 (3): 524-530.

[110] 王楠, 高静, 黄文静, 等. 赤霉素浸种时长和施用浓度对重度干旱和盐胁迫下黄芪幼苗发育的影响 [J]. 生态学杂志, 2019, 38 (9): 2693-2701.

[111] 安钰, 刘华, 李明, 等. 外源钙对干旱胁迫下甘草生理特性的影响 [J]. 中国现代中药, 2019, 21 (10): 1397-1401.

[112] 刘福顺, 陈媛媛, 李宗谕, 等. ALA 对盐胁迫下苦参种子萌发及幼苗生理特性的影响 [J/OL]. 分子植物育种, 2021: 1-7. (2021-05-31). https://kns.cnki.net/kcms/detail/46.1068. S.20210531.0945.002.html.

[113] 刘建霞, 钟文星, 王润梅, 等. 萘乙酸喷施对盐胁迫下黄芪幼苗的缓解作用 [J]. 中药材, 2018, 41 (1): 28-32.

[114] 柳福智, 王宁. 外源海藻糖对 NaCl 胁迫下甘草幼苗生长及总黄酮含量的影响 [J]. 中草药, 2020, 51 (24): 6345-6353.

[115] 张新慧, 郎多勇, 白长财, 等. 外源硅对不同程度盐胁迫下甘

草种子萌发和幼苗生长发育的影响 [J]. 中草药, 2014, 45 (14): 2075-2079.

[116] 华智锐, 李小玲. 外源 IAA 对盐胁迫黄芩幼苗生长的生理效应 [J]. 山西农业科学, 2019, 47 (3): 323-328, 404.

[117] 李小玲, 华智锐. 外源茉莉酸甲酯对盐胁迫下黄芩种子萌发及幼苗生理特性的影响 [J]. 山西农业科学, 2016, 44 (11): 1603-1607.

[118] 冉瑞兰, 张牡丹, 谢佳佳, 等. 铜胁迫下基质中添加凹土对党参幼苗生理指标的影响 [J]. 北方园艺, 2018 (15): 140-148.

[119] 冉瑞兰, 张牡丹, 赛闹汪青, 等. 镉胁迫下凹凸棒石黏土对党参幼苗的保护作用 [J]. 中药材, 2019, 42 (6): 1231-1236.

[120] 赛闹汪青, 张牡丹, 马小俊, 等. 镉胁迫对黄芪幼苗的生理学影响及凹凸棒黏土对镉胁迫缓解作用的研究 [J]. 中国中药杂志, 2018, 43 (15): 3115-3126.

[121] 刘建霞, 温日宇, 刘建林. 铜胁迫对板蓝根幼苗生长的影响 [J]. 山西农业科学, 2017, 45 (10): 1659-1661.

[122] 孟红梅, 张芬琴, 韩多红, 等. Ca^{2+} 对 Cd^{2+} 胁迫下板蓝根种子萌发及幼苗抗氧化酶活性的影响 [J]. 干旱地区农业研究, 2014, 32 (1): 161-165.

[123] 孟红梅, 韩多红, 张芬琴, 等. 硅对铅胁迫下板蓝根幼苗生理特性的影响 [J]. 时珍国医国药, 2013, 24 (10): 2509-2511.

8 干旱胁迫对锦灯笼种子萌发及幼苗生理特性的影响

锦灯笼（*Physalis alkengi* L.）又名红姑娘，属于一年生茄科（Solanaceae）植物。有地下茎，整体形态酷似灯笼，果实和外皮都为红色。在湿阴和有阳光的松弛黑壤土中均可生长，适宜的温度为 5~35 ℃，易培育。其果实呈球形，果皮皱缩，果实味甘，微酸[1]。锦灯笼常年生长于空旷地或山坡，在华北和东北地区比较常见。前人对锦灯笼的作用研究表明，该植物具有极高的药用、食用、观赏价值[2]。锦灯笼宿存萼膨大时若入药，可以清痰止咳，其果实酸甜可口且清热解毒，含有丰富的蛋白质和维生素 C 等，因此还可以用来制作蜜饯和果酱[2]。根据物候期特点，还常用于园林观赏[3]。近年来我国研究人员对锦灯笼成分的提取以及在药用方面的研究比较前卫，取得了显著成果。例如锦灯笼中名为苦素 A，有研究表明该成分具有诱导抗炎的作用[4]。研究者还发现锦灯笼中的苦味素既能加快益生菌的生长又可以遏制病原菌的生长[5]，而对锦灯笼抗性等方面却研究甚少。

我国由于人口众多，尽管淡水资源总量居世界第四位，依然严重干旱缺水。受温室效应影响，水资源短缺的问题将越来越突出。锦灯笼的根系十分发达，它可以保持或改变土壤的物理结构、化学成分等，因此它的大量种植对于防固风沙和保护水土流失有一定的防护作用，同时也能优化和改善土壤，并保持地球土壤圈天然、正常的环境。基于水资源匮乏的现状和锦灯笼本身的特性，锦灯笼抗旱性的研究日趋重要。该试验运用了不同浓度 PEG-6000 溶液来模拟干旱环境，分析不同干旱胁迫对锦灯笼种子萌发以及幼苗生理特性的影响，了解锦灯笼可以耐旱的最大限度，为大同地区锦灯笼的大面积种植提供理论依据，同时为如何在水资源匮乏情况下提高锦灯笼产量和改善大同地区的土壤状况提供参考价值。

8.1 材料与方法

8.1.1 试验材料

该试验采用市售锦灯笼种子。

8.1.2 试验方法

8.1.2.1 浸种

该试验于 2019 年 2—3 月在山西大同大学植物学试验室进行。用温水浸泡种子 12 h，以保证种子吸水充分。之后将其捞出，放于室内自然晾干，备用。

8.1.2.2 试验处理

在每个发芽盒里平铺上预先消毒过的 3 层纱布，将锦灯笼的种子用镊子整齐地摆放在发芽盒中，每盒 30 粒，共 15 盒，分为 5 组，1—4 组分别加入浓度为 3%、5%、8% 和 10% 的 PEG-6000 溶液，对照组加入等量的蒸馏水，每组设 3 个重复。然后将发芽盒放入温度为 27 ℃ 的恒温光照培养箱中培养，每天定时观察并记录每个发芽盒发芽的种子个数。其间遇到发霉的种子及时清洗，去除腐烂的种子；以胚根突破种皮，达到种子本身的长度作为种子发芽的标准[4]。发芽后的第 10 d 开始测量株高，发芽第 16 d 取出锦灯笼幼苗，进行指标测定。

8.1.3 项目测定

8.1.3.1 发芽指标的测定

发芽率 GR（%）= 发芽种子的总数/供试种子总数×100%[7]；
发芽势 GE（%）= 发芽高峰期发芽的种子数/供试种子总数×100%[7]；
株高（cm）：发芽第 10 d 起每天用卷尺测量。

8.1.3.2 生理指标的测定

电导率采用上海雷磁台式电导率仪（DJS260 型）测定[8]；过氧化物酶活性（POD）的测定采用比色法[9]测定；丙二醛（MDA）的测定采用硫代巴比妥酸法[9]测定；可溶性糖的测定采用硫代巴比妥酸法[9]测定。

8.1.4 数据分析

该试验数据的处理与分析采用 Excel 2010 和 SPSS 22.0 软件。

8.2 结果与分析

8.2.1 锦灯笼在不同干旱环境下的发芽情况

种子的好坏可以根据发芽率来衡量[10],发芽势可以用来表示种子的出芽快慢,间接反映种子生活力的强弱[10]。由表 8-1 可以看出,干旱胁迫加深时,锦灯笼的种子发芽率与发芽势都先升高后稍稍降低,但两者又略有差别。从发芽率来看,各处理均与对照组呈显著差异($P<0.05$)。当 PEG-6000 浓度为 3%时,发芽率较对照组增加了 26%。当浓度增加至 5%时,发芽率达到了最高(83%),相比于对照高出 31%,但是与 3%浓度相比只增长了 5%。当浓度继续增加变为 8%和 10%时,发芽率虽然呈现下降的趋势,但仍高于对照,分别高出 28%和 18%。从发芽势来看,各处理组间无显著差异($P>0.05$)。PEG-6000 浓度为 3%的处理组比对照增加了 66.7%,上升幅度较大。PEG-6000 浓度为 5%时,发芽势达到最大值 33%,当浓度增加为 8%和 10%时,发芽势逐渐降低,分别为 30%和 23%,但仍高于对照组。

通过以上分析可以得出,所有处理下的锦灯笼种子发芽情况都要优于对照组,且 PEG-6000 浓度为 5%时锦灯笼种子的发芽情况达到最佳,这说明适当的干旱胁迫对锦灯笼种子的萌发有促进作用。

表 8-1 不同浓度 PEG-6000 处理下锦灯笼种子发芽率和发芽势　　单位:%

指标	PEG-6000 浓度/%				
	0	3	5	8	10
GR	52±10.13a	78±3.51b	83±4.73b	80±0.00b	70±5.00b
GE	15±2.89a	25±2.04b	33±4.41b	30±3.54b	23±1.67ab

注:同行不同小写字母间表示各处理间在 $P<0.05$ 水平上差异显著。

8.2.2 锦灯笼在不同干旱环境下的株高

干旱程度的不同会对锦灯笼幼苗的生长速度产生影响,生长速度的快慢可以用株高来表示。由图 8-1 可知,各浓度 PEG-6000 处理下的锦灯笼株高均优于对照。对各浓度处理下的锦灯笼株高进行方差分析,结果表明浓度为 5%处理组与其他组均差异显著($P<0.05$)。对各浓度下第 10 d 的株高进行对比可以发现,株高从高到低对应的浓度分别为 5%>8%>3%>10%>0%,从第 11 d 到第 15 d,每个浓度处理下锦灯笼株高增长速度呈上升趋势但速度又各有不同。对照组在第 10 d 到第 12 d 增长走势比较平缓,从第 12 d 以后增长速度明显加快。浓度为 5%的处理组,从第 10 d 到第 14 d 快速增长,之后株高几乎不发生变化。浓度为 3%的处理组,锦灯笼株高变化后期比前期明显。分析 8%处理组株高增长速率,第 10~12 d 比第 12~15 d 要快。10%浓度处理组在第 12~13 d 株高变化突然加快,第 13 d 以后速度又开始减慢,第 14 d 到第 15 d 株高变化不大。

通过以上分析,可知锦灯笼在浓度为 5%的干旱胁迫处理下生长状况最佳。由于各浓度处理下的株高均优于对照,说明适当的干旱胁迫有助于植物生长。当胁迫浓度增加时,锦灯笼生长速率会降低,但也高于未胁迫下的生长速率。

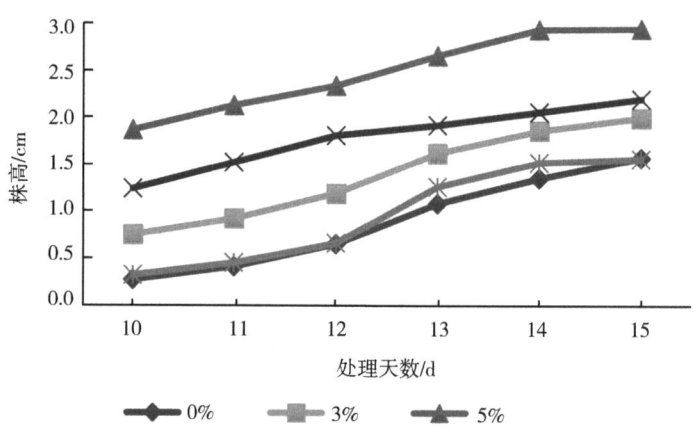

图 8-1 不同浓度 PEG-6000 处理下锦灯笼株高

8.2.3 锦灯笼幼苗在不同干旱环境下丙二醛含量

一般植物在逆境条件下,细胞膜会受到一定程度的伤害,损害的程度表现在丙二醛的含量上。丙二醛积累越多,说明膜脂的过氧化程度就越高,该植物组织的保护能力越弱[11]。因此通过测定各浓度处理下丙二醛的含量可以反映出植物的抗逆性。从图8-2可以得出，丙二醛含量随着PEG-6000溶液浓度的升高逐渐增加，且各浓度间丙二醛含量呈现极显著差异（$P<0.01$），这说明随着干旱程度的增加，膜质过氧化反应加强，细胞膜受到的损伤也变大。对照组MDA为0.20 μg/g，3%处理组MDA升高了10%变为0.22 μg/g。5%与8%处理组MDA含量依次为0.28 μg/g和0.35 μg/g，5%比3%处理组增长了22.7%，8%比5%处理组高了29.6%。浓度10%处理组MDA含量为0.38 μg/g，比8%处理组增加了8.6%。对比增长程度的数值可以发现，随着PEG-6000浓度增大，MDA含量增长速度先增加后减小，原因可能是在胁迫的初期，植物内的保护酶起到了作用，一定程度上抑制了膜脂的过氧化，从而使得锦灯笼幼苗内MDA含量上升不大，而随着浓度的不断加大，酶的活性逐渐降低，膜质的过氧化程度加深，因此丙二醛含量大幅度上升并得以积累[12]。当浓度达到10%时MDA含量增长速度减慢，说明此时锦灯笼细胞膜受到了十分严重的损害。

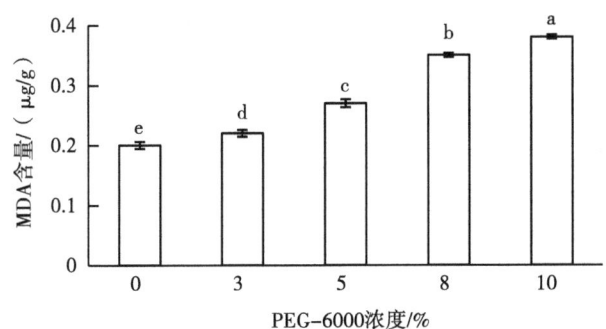

图8-2 不同浓度PEG-6000处理下锦灯笼幼苗丙二醛含量

8.2.4 锦灯笼幼苗在不同干旱环境下可溶性糖含量

可溶性糖能为锦灯笼的生长发育提供能量和中间的代谢产物，是植物内的重要成分，同时对锦灯笼的品质具有重要的意义。在一定的干旱环境中，为了应对干旱条件带来的不良影响，植物本身会通过一些生理机制来缓和被打破的水分不平衡现象，其中可溶性糖发挥了重要作用。

由图8-3可以看出，当干旱胁迫加剧时，可溶性糖含量越来越多。3%浓度处理组可溶性糖含量为3.16%，比对照（3.021%）高出4.6%。5%浓度处理组可溶性糖含量较3%处理组高8%。8%处理组的含量为3.826%，比5%处理组增加了12.1%。可溶性糖含量在10%浓度达到最高，为

4.104%，比8%浓度处理组增加了7.3%。以上分析说明，随着干旱程度的增加，锦灯笼为了保证自身的正常生长提高了可溶性糖的含量来进行渗透调节，从而抵御一定程度的干旱环境，维持生理平衡。

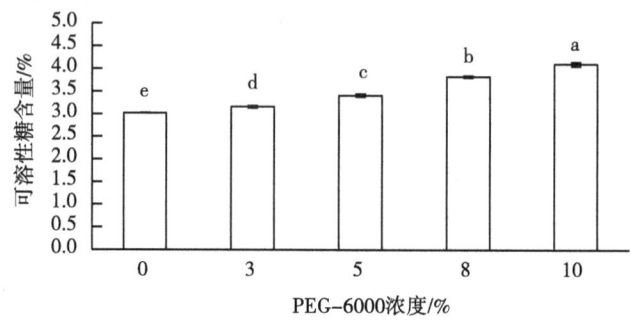

图8-3　不同浓度PEG-6000处理下锦灯笼幼苗可溶性糖含量

8.2.5　锦灯笼幼苗在不同干旱环境下电导率

植物细胞膜在干旱的环境中膜透性会增加，导致内电解质外渗，与此同时膜也会受到一定的损害，进而使得蒸馏水的导电性也增加，表现为电导率的增加。由图8-4可以看出，干旱胁迫的浓度越大，电导率越大。对照组与各浓度处理组间差异达到极显著水平（$P<0.01$），而只有浓度为8%和10%处理组间无显著差异（$P>0.05$）。对照组电导率为3.35 μs/cm，随着干旱胁迫的加深，3%处理组电导率为3.88 μs/cm，比对照高15.8%。5%处理组电导率为4.82 μs/cm，比3%处理组增加了24.2%。8%处理组电导率5.6 μs/cm，比5%处理组增长了16.1%，而浓度为10%处理组与浓度为8%

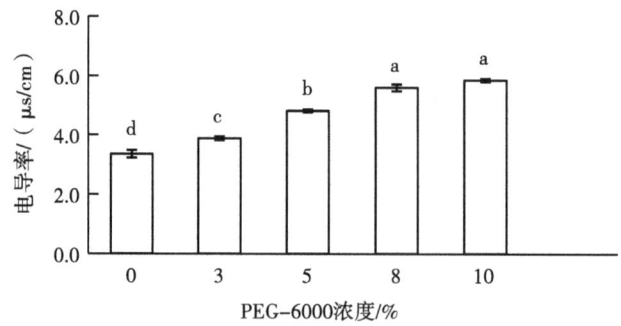

图8-4　不同PEG-6000浓度处理下锦灯笼幼苗电导率

处理组相比增加了 4.5%。以上分析表明，电导率增加幅度随着胁迫程度的加深呈先升高后降低趋势。

8.2.6 锦灯笼幼苗在不同干旱条件下过氧化物酶活性

植物的生长需要许多酶类的参与，其中重要的一类酶 POD，可以反映植物的抗性。酶活性越高，代表植株抗性越强。由图 8-5 可以看出，随着 PEG-6000 浓度的不断上升，POD 活性的变化趋势为先升高后又逐渐降低。相邻浓度间两两比较可以发现，POD 活性增长幅度最大的是 5% 浓度处理组 [0.142 U/（g·min）]，该处理组比 3% 处理组 POD 活性提高了 57.8%。8% 处理组的 POD 活性为 0.170 U/（g·min），达到最大值。10% 处理组 POD 活性为 0.125 U/（g·min），比 8% 处理组低 26.5%。各浓度处理下 POD 活性与对照相比均达到了极显著差异水平（$P<0.01$）。以上数据分析表明，当锦灯笼遇到干旱环境时，可以通过调节酶的活性来减缓外界对自身的影响，保证正常代谢活动。

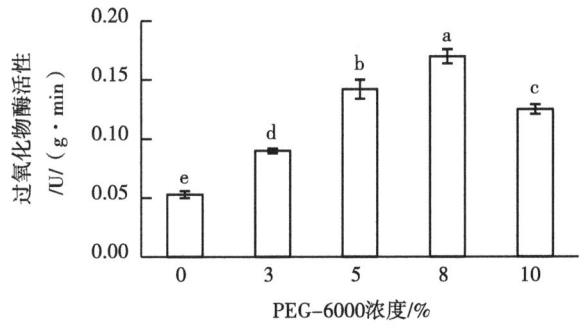

图 8-5 不同 PEG-6000 浓度处理下锦灯笼幼苗过氧化物酶活性

8.3 结论与讨论

8.3.1 干旱胁迫对锦灯笼种子发芽以及生长状况的作用

试验表明，干旱胁迫加深时，锦灯笼发芽率、发芽势变化趋势是先增后减。5% 浓度处理组发芽指标到达最高，说明锦灯笼萌发的最佳胁迫浓度为 5%。所有处理组发芽率均高于对照，进一步说明了锦灯笼有一定的抗干旱力，生活力较强，且适当的干旱胁迫对锦灯笼的萌发有促进作用。对株高的统计分析表明，PEG-6000 浓度为 5%的处理组锦灯笼幼苗生长状况最佳，说明适当浓度的干旱胁迫有利于幼苗的生长。在锦灯笼生长过程中可以发现在 PEG-6000 浓度为 8%和 10%时，在胁迫末期幼苗会发生部分倒伏且部分叶片会萎蔫，这说明该植物的耐旱性有一定的时间限度。

8.3.2 干旱胁迫对锦灯笼幼苗生理指标的作用

干旱胁迫会导致原生质脱水，首先破坏膜的完整性，膜透性增加，内容物外渗，同时也会使得细胞膜内的酶的空间结构遭到破坏，多种代谢过程受到影响。一旦植物受到了伤害，植物也会通过保护酶系统来调节以减少对植物的伤害，从而提高植物的抗性[13]。该研究结果表明，干旱胁迫程度越大，锦灯笼幼苗的 MDA 含量、可溶性糖含量及电导率也越大，而 POD 活性则先增加后减小，这与前人对其他植物的相关研究结果一致[12]。幼苗的电导率、丙二醛含量以及可溶性糖含量开始时增长变化不明显，后来增长速度稍微加快，这可能是由于植物体内保护酶发挥了作用，有自身的协调保护机制，在前期可以抵御一定的干旱胁迫，后期由于胁迫浓度加大造成细胞膜破坏严重不可逆，进一步也说明了植物抵御外界干旱环境有一定的临界值。保护酶 POD 的活性前期升高，表明在适当的干旱条件下，POD 可以减少部分的活性氧，从而能减轻对锦灯笼幼苗的伤害。而在重度胁迫下酶的活性又降低，表明此时酶的活性受到影响，引起了活性氧的大量积累，植物的细胞膜伤害严重。

该试验的 PEG-6000 最大浓度为 10%，其选择依据是根据前期预试验的结果确定的。预试验选择了 PEG-6000 浓度分别为 5%、10%、20%和 30%，结果显示，在 20%和 30%浓度下锦灯笼种子几乎不萌发，说明它只能忍受较低水平的干旱。该试验的研究结果为锦灯笼种植的土壤水分条件选择提供了参考依据。

参考文献

[1] 冀东升．药食兼用的姑娘果［J］．农村百事通，2016（6）：20-21.

[2] 宋晓民，李延中．锦灯笼的开发与利用［J］．林业勘查设计，2008（3）：91.

[3] 王丹，舒钰，赵学丽，等．药食赏型酸浆的开发利用前景

[J]. 北方园艺, 2018 (8): 161-165.

[4] JI L, YUAN Y L, LUO L P, et al. Physalins with anti-inflammatory activity are present in *Physalis alkekengi* var. *Franchetii* and can function as Michael reaction acceptors [J]. Steroids, 2012, 77 (5): 44.

[5] LI X L, ZHANG C L, WU D C, et al. *In vitro* effects on intentinal bacterium of physalins from *Physalis alkekengi* var. *Francheti* [J]. Fitoterapia, 2012, 83: 1460-1465.

[6] 马倩倩, 鲍荣粉, 廖明安. 不同水温浸种对树番茄种子发芽的影响 [J]. 北方园艺, 2018 (15): 92-96.

[7] 高昆, 张明阳. 干旱胁迫对番茄种子萌发和幼苗生长的影响 [J]. 山西大同大学学报(自然科学版), 2017, 33 (6): 56-59.

[8] 龚秋, 王欣, 后猛, 等. PEG-6000模拟干旱胁迫对紫甘薯幼苗生理生化指标的影响 [J]. 江西农业学报, 2015, 27 (3): 6-10.

[9] 李小方, 张志良. 植物生理学试验指导 [M]. 北京: 北京高等教育出版社, 2016.

[10] 吕彪, 许耀照, 王治江, 等. 聚乙二醇胁迫下赤霉素浸种对番茄种子的萌发和幼苗生长的影响 [J]. 干旱地区农业研究, 2009, 27 (4): 136-139.

[11] 罗爱华, 李文甲. 干旱胁迫对番茄扦插苗叶片丙二醛、脯氨酸含量及保护酶活性的影响 [J]. 园艺与种苗, 2018 (2): 17-20, 49.

[12] 马学梅, 吴朝峰. 干旱胁迫对金银花生理指标与品质的影响 [J]. 贵州农业科学, 2017, 45 (6): 37-39.

[13] 姜宗庆, 李成忠, 余乐, 等. 干旱胁迫对薄壳山核桃叶片丙二醛含量和3种抗氧化酶活性的影响 [J]. 上海农业学报, 2019, 35 (1): 7-10.

9　干旱胁迫对粉葛幼苗生长及生理特性的影响

大量研究表明，在当今气候变化中，由缺水造成的干旱胁迫所导致的农作物减产十分严重[1]。而我国大约 1/3 的陆地面积是干旱和半干旱的[2]，且在世界范围内，干旱区域的范围有逐年扩大的趋势[3]。开发抗旱品种，提高旱地的利用率是目前解决我国土地资源紧缺的一条重要途径，作为旱粮作物资源的葛属植物具有较大的开发潜力。

葛 [*Pueraria lobata* (Willd.) Ohwi] 属于豆科（Leguminosae）葛属（*Pueraria*）多年生藤本植物，叶互生，菱状卵圆形，块根，紫色荚果，全株被黄褐色粗毛[4]。葛生长于荒坡、沙地、陡壁，分布广泛，适应力强，耐热、耐旱、耐贫瘠[5]。葛根系发达，且密生根瘤菌，能保持水土，改良土壤。葛被国家卫生部认定为药食同源性植物，素有"亚洲人参"之称[5]，葛的根、茎、叶、花等部位含有丰富的营养成分，如蛋白质、脂肪、粗纤维、各种矿质元素和维生素，粗加工食品如葛根口香糖、炸葛根片和深加工食品如菜肴佐料、葛根淀粉等[6]，是深受人们喜爱的天然绿色食品。葛的块根肥厚，入药后为葛根，葛根来源主要有野葛和粉葛[7]。葛根有很重要的药用价值，葛根中的异黄酮类物质，对预防和治疗偏头痛、高血压、冠心病、糖尿病、癌症等有特殊功效[8,9]，在抗衰老、抗氧化、增强免疫力等方面效果十分明显[8]。葛根素是葛根的特有成分，对心脑血管疾病有很好的防治作用[10]，同时葛根素及其衍生物在抗炎、抗痛风方面也有很好效果[11]。葛还是良好的饲用植物，对多数牲畜都具有适口性[4]。

我国拥有丰富的葛属植物种质资源，其中粉葛 [*Pueraria lobata* (Willd.) Ohwi var. *thomsonii* (Benth.) Vaniot der Maesen] 的开发应用较广，是我国葛粉和中药材的主要来源[6]。近年来，国内外对葛属植物的营养成分和食品开发研究较多而且其药用价值也受到广泛关注，特别是今年在新冠肺炎早期治疗中，葛根汤颗粒发挥了非常重要的作用。目前，对粉葛的研究多集中在其有效成分如总黄酮、多糖的分析，如黄再强等[12]的研究；以及王婷等[9]对粉葛栽培技术的研究。但针对该植物的抗旱特性研究甚少，本研究以粉葛作为材料，研究干旱胁迫对葛的形态、生理生化特性的影响，了解葛的抗旱性，可为干旱地区种植粉葛提供理论依据，推动葛植物种植成为干旱地区农业的新型产业和农民脱贫的重要产业。

9.1 材料与方法

9.1.1 供试材料

购买来自广西藤县绿洲农业发展有限公司的带有根、芽的粉葛幼苗。

9.1.2 试验方法

9.1.2.1 材料预处理

于2020年4月中旬将购买的粉葛幼苗集中水培处理。一周后选择长势良好、粗细、高低基本一致的粉葛扦插苗移栽到组培瓶中，每瓶2株，共18瓶。

9.1.2.2 试验设计

用PEG-6000来模拟干旱胁迫，试验共设有5个处理浓度：分别为5%、10%、15%、20%、30%的PEG-6000（质量分数），上述不同浓度组依次用T1、T2、T3、T4、T5来表示。以蒸馏水为对照（CK），将配制好的溶液分别加入已准备好的组培瓶中，每瓶100 mL，对照组加入100 mL蒸馏水，共6组，每组3个重复。

9.1.3 指标测定

9.1.3.1 生长指标测定

（1）植株形态特征及耐旱等级：对各组每3 d测一次形态指标，其中耐旱等级及标准见表9-1。

表9-1 植株耐旱等级与相应形态标准

等级	植物形态
1	叶片、叶色正常、无皱缩、未受伤害
2	仅有少数叶片轻度下垂、皱缩

(续表)

等级	植物形态
3	半数以下叶片下垂、皱缩
4	半数以上叶片下垂、皱缩
5	叶片脱落,植株死亡

(2) 叶面积测定:对每组初期长势相同的幼龄期叶片每 3 d 测定一次长与宽;长为叶基部到叶尖的长度,宽为叶长一半位置的宽度,叶面积为长度乘以宽度。

9.1.3.2 生理指标测定

可溶性糖、丙二醛含量用 TBA 法测定[13];可溶性蛋白含量采用考马斯亮蓝法[14];相对电导率的测定参照徐新娟的方法[15]。

9.1.4 数据分析

采用 SPSS 和 Excel 软件对测定得到的数据处理和分析。

9.2 结果与分析

9.2.1 经不同浓度的 PEG-6000 处理之后粉葛幼苗形态变化

由表 9-2 可知,不同浓度 PEG-6000 处理后,粉葛幼苗的叶面积总体呈下降趋势,变化范围为 $4.89 \sim 8.62 \ cm^2$。经过 T1 处理后,叶面积比 CK 增加

表 9-2 不同浓度 PEG-6000 处理后粉葛幼苗形态

处理	叶面积	耐旱等级与植株形态
CK	8.62a	1 级、叶片、叶色正常、无皱缩、未受伤害
T1	8.73a	1~2 级、生长良好,叶色正常
T2	6.01ab	3~4 级、植株生长矮小,半数以下叶片开始萎蔫
T3	5.63ab	3 级、植株矮小,半数叶片萎蔫
T4	4.92b	4 级、半数以上叶片下垂、皱缩
T5	4.89b	4 级、半数以上叶片下垂、皱缩

注:叶面积同一列使用不同的字母来说明不同处理组间差异性是否显著($P<0.05$)。

了 1.3%；经 T2、T3、T4、T5 处理后，比 CK 依次减少 30.3%、34.7%、42.9%、43.3%，说明粉葛在低浓度 PEG-6000 下有一定的抗旱性。此外，CK 组和 T1 组、T4 组和 T5 组之间均未出现显著性差异（$P>0.05$），但是 T4、T5 两个组与 T1 组相比则存在着显著性差异（$P<0.05$），说明高浓度 PEG-6000 处理对粉葛幼苗叶面积造成的影响较大。

同时，随着时间延长，不同处理组的叶面积也发生相应变化（图 9-1），除了 CK 组和 T1 组的叶面积随时间呈升高趋势外，其余组均下降，且 T5 组的叶面积下降最快，变化幅度也最大，范围为：4.89～9.68 cm^2，第 5 d 比第 1 d 少 50%。此外，第 3、第 4、第 5 d 均与第 1 d 差异显著（$P<0.05$），可见，高浓度的 PEG-6000 对粉葛幼苗叶面积影响较大。

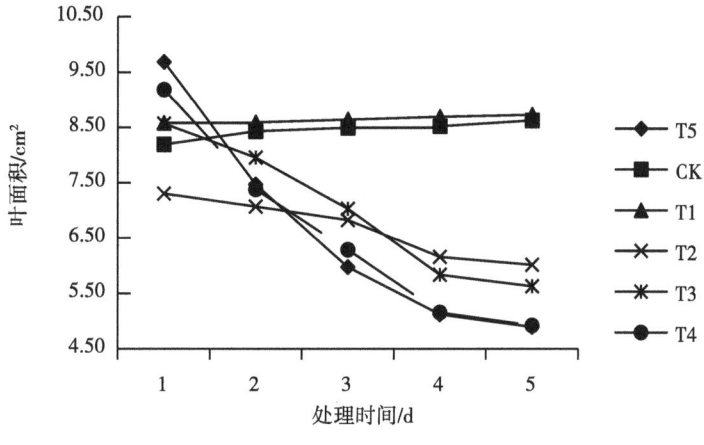

图 9-1 各组叶面积随时间变化

9.2.2 不同浓度处理后粉葛幼苗生理生化指标

9.2.2.1 叶绿素含量

本次试验叶绿素的相对含量是用 SPAD（soil and plant analyzer development）值来表示的。由图 9-2 可知：经不同浓度的 PEG-6000 胁迫处理后，粉葛幼苗 SPAD 值总体呈现升高的趋势。其中第 5 d，CK～T5 各处理组 SPAD 值分别为 39.12、42.21、45.32、50.21、51.12 和 64.13，T1～T5 组分别比 CK 组增加了 7.9%、15.8%、28.3%、30.7% 和 63.9%。T1、T2 两个组与 CK 间无显著差异（$P>0.05$），T3、T4 和 T5 组与 CK 组间相比差异显著（$P<0.05$），说明低、中浓度 PEG-6000 下，粉葛幼苗叶片叶绿素含量

变化较小，但高浓度下，引起其大幅上升。同时将后3组进行比较，发现T5组与T3、T4间差异显著（$P<0.05$），其中SPAD值T5组比T3组要高28%、比T4组高25.4%，说明高浓度PEG-6000对粉葛幼苗叶绿素含量影响显著。

此外，根据表9-3可知，引起粉葛幼苗SPAD值变化的浓度与天数之间存在互作的关系，浓度和天数的作用效果均比较显著。随着浓度和天数的增加，叶绿素含量总体呈现持续上升趋势。且在第5 d、PEG-6000为30%时粉葛幼苗叶绿素含量达到最大，在此条件下对粉葛幼苗叶绿素的影响最为显著。

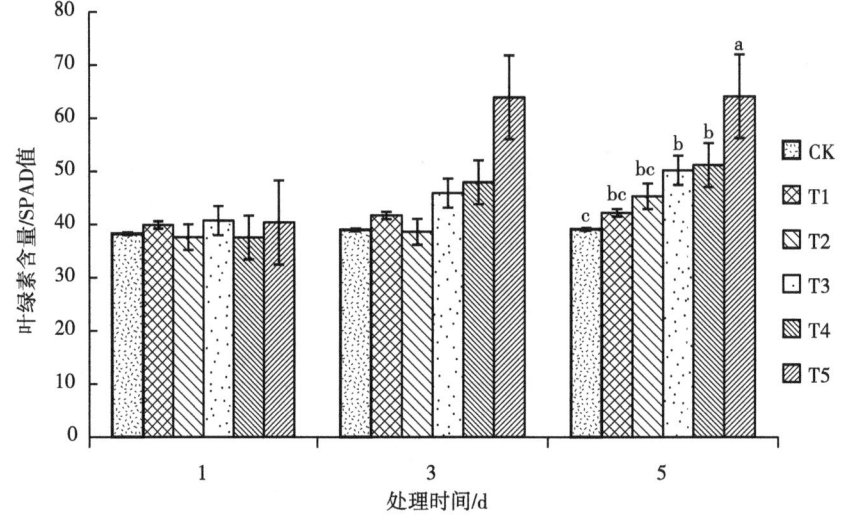

图9-2 不同天数下粉葛幼苗叶片的叶绿素含量变化

表9-3 主体间效应的检验因变量：SPAD

源	Ⅲ型平方和	df	均方	F	Sig.
浓度	1 768.645	5	353.729	9.929	0.000
天数	895.733	2	447.866	12.572	0.000
浓度×天数	777.399	10	77.74	2.182	0.042
误差	1 282.519	36	35.626		
总计	4 724.296	54			

9.2.2.2 可溶性糖含量

如图9-3所示,在经过不同浓度的PEG-6000处理后,粉葛幼苗叶片可溶性糖的含量总体呈上升趋势,其变化的具体范围为:2.71~11.3 μmol/(g·Fw),T1~T5组分别是CK组的1.64倍、2.15倍、3.03倍、3.38倍、4.17倍,CK与T1组间差异不显著($P>0.05$);而与其他胁迫组间差异显著($P<0.05$)。由此可见,低浓度(5%)的PEG-6000处理之后,粉葛幼苗可溶性糖含量较低,但是中、高浓度下其含量明显增加。

同时,通过各处理组间相互比较可知,T1和T2组、T2和T3组、T3和T4组、T4和T5组之间均为非显著性差异($P>0.05$),但是T1和T2组与T3、T4、T5 3个组以及T3组与T5组间均存在显著性差异($P<0.05$),可知高浓度的PEG-6000与低、中浓度相比,可以显著增加粉葛幼苗可溶性糖含量。

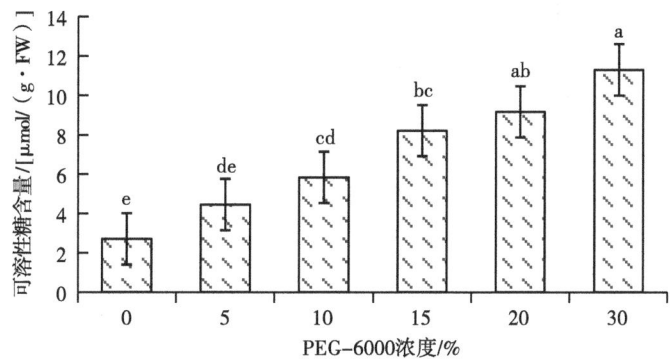

图9-3 不同浓度的PEG-6000处理后粉葛幼苗叶片可溶性糖含量

9.2.2.3 可溶性蛋白质含量

通过图9-4可知:在不同浓度PEG-6000处理下,粉葛幼苗叶片中可溶性蛋白质含量呈现出持续上升的趋势。其中CK~T5组胁迫结束之后,可溶性蛋白的含量依次如下:4.26 mg/g、16.93 mg/g、24.44 mg/g、32.97 mg/g、42.32 mg/g、47.75 mg/g,T1~T5组分别为对照的2.97倍、7.74倍、6.74倍、8.93倍、10.21倍。T1、T2、T3、T4、T5组与CK组间均存在着显著差异($P<0.05$)。说明:无论低、中、高浓度PEG-6000都对粉葛幼苗可溶性蛋白质含量有显著影响。同时,除与CK组比较外,其他各浓度间的相互比较显示,各组间均存在极显著差异($P<0.01$),说明5%的浓度梯度所引起的可溶

性蛋白质的变化幅度是较大的。

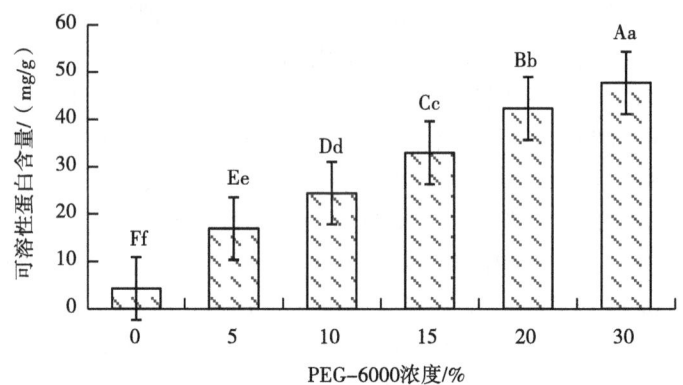

图 9-4　不同浓度的 PEG-6000 处理后粉葛幼苗叶片可溶性蛋白质含量

9.2.2.4　MDA 含量

通过图 9-5 可知：在从低浓度到高浓度的 PEG-6000 处理之后，粉葛幼苗 MDA 含量表现出明显的上升趋势，T1~T5 组依次比 CK 增加了的 9.6%、19.2%、48.1%、67.3% 和 1.08%。T1、T2、T3、T4、T5 组与 CK 组间均存在着极显著性差异（$P<0.01$），此外，除了与 CK 组外，T1~T5 各组间也均为极显著性差异（$P<0.01$），说明不仅 PEG-6000 的胁迫对粉葛幼苗叶片的 MDA 含量有着非常大的影响，而且 5% 的浓度梯度对该指标的影响也十分显著。

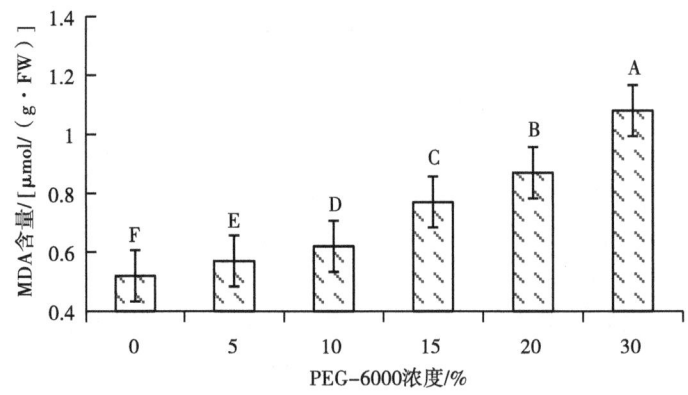

图 9-5　不同浓度 PEG-6000 处理后粉葛幼苗 MDA 含量

9.2.2.5 相对电导率

通过图 9-6 可知：由 CK、T1、T2、T3、T4、T5 六个组处理之后，粉葛幼苗相对电导率也明显上升。CK 组为最低值：55%，T5 处理组为最高值：79%。各处理组与对照组间的相对电导率均存在极显著性差异（$P<0.01$），可知，5%、10%、15%、20%、30%的不同浓度均可使粉葛幼苗叶片的相对电导率大幅上升。

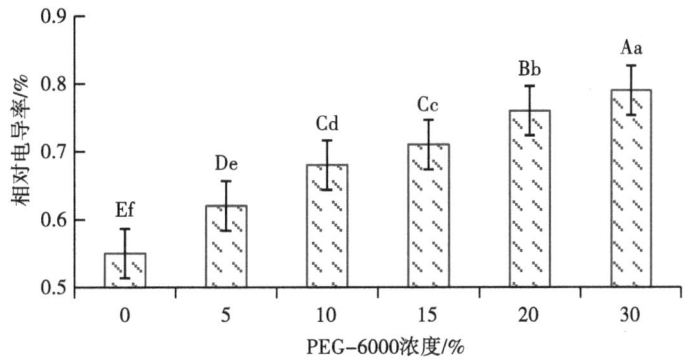

图 9-6 不同浓度的 PEG-6000 处理后粉葛幼苗相对电导率

同时，除 CK 外，5 个不同浓度组间相互比较，除了 T2 和 T3 组间为显著性差异（$P<0.05$）外，其余各组间均呈现出极显著性差异（$P<0.01$），说明总体来说所设置的 5%浓度梯度对于粉葛的膜透性影响很大，可显著提高相对电导率。

9.3 结论与讨论

（1）PEG-6000 胁迫处理后植株形态变化情况：研究表明，经由 5%、10%、15%、20%、30%的 PEG-6000 处理之后，粉葛的幼苗形态发生了比较明显的变化，叶面积总体呈下降趋势，特别是经高浓度处理后，叶片下垂、皱缩十分严重，说明高浓度会显著抑制粉葛生长。同时，在研究时发现，低浓度（5%）PEG-6000 处理后与对照相比可以促进粉葛叶面积的增长，说明粉葛有一定耐旱性。

（2）生理指标变化：该试验研究表明，不同浓度的 PEG-6000 胁迫处理之后，粉葛幼苗叶片中的叶绿素含量持续升高。其具体原因可能为：在逆境下，粉葛会产生很多的渗透调节物质如脯氨酸等，它们是光合作用的直接或间接产物[16]，故在 PEG-6000 胁迫后，为保证这些物质的产生，需要使植株维持正常的光合作用，这要求其本身合成大量的叶绿素。此外，随着单位叶面积的缩小，单位面积叶绿素含量增多。在经过不同浓度的 PEG-6000 处理之后，可作为渗透调节物质的可溶性糖含量增加，因为，它不仅具有防止粉葛幼苗细胞失水的功能，还可以保护细胞器，通过该指标的升高，可为根系提供渗透机制，以便于水分进入根系，维持正常的生长发育[16]。再者，逆境下可溶性蛋白质也呈上升趋势，因为，其可以帮助植株束缚住较多的水分，以此适应外界缺水的环境，也进一步提高了幼苗自身的抗旱能力。

同时，MDA 为膜脂过氧化直接产物，它的高低可以表明植物的受害程度，同时也可以显示植物的抗性大小[17]。在不同浓度的 PEG-6000 胁迫处理后，粉葛幼苗中 MDA 含量呈显著上升趋势，这说明：在高浓度下，粉葛体内活性氧的积累超出 SOD 的清除能力，该酶活性下降，所引起的是 MDA 的大量升高，受到的伤害较大。相对电导率的大小也是反映粉葛细胞膜透性的一种指标，在逆境条件下，细胞膜遭破坏，透性增大。故可以通过此指标也进一步反映植株的抗旱能力，在本研究中，相对电导率均呈上升趋势，可见，在高浓度 PEG-6000 处理下，膜系统遭到的破坏很严重。

研究结果表明：用不同浓度 PEG-6000 处理粉葛幼苗后，植株展现出不同耐受性，其中它可抵御低浓度胁迫（5%），但经 20%、30%浓度的 PEG-6000 处理后，内外在指标：植株形态、MDA、相对电导率和可溶性蛋白质含量等变化幅度较大，植株趋近死亡。可知，粉葛的耐受范围是有限的，高浓度的 PEG-6000 会影响粉葛的生长发育和生理特性。此外，本次试验所设置的 5%的浓度梯度对上述指标影响显著，故在之后的研究中，可相应缩小浓度梯度和浓度范围，这样可以更加精确地研究粉葛的耐旱程度。

参考文献

[1] 王丁，张丽琴，薛建辉．林木对干旱胁迫的生理与分子响应研究综述［J］．安徽农业科学，2011，39（25）：15426-15431，15445．

[2] 赖金莉，李欣欣，薛磊，等．植物抗旱性研究进展［J］．江苏农业科学，2018，46（17）：23-27．

[3] 杨锋，刘晨，姜丽娟，等．苹果属植物抗旱性评价［J］．西北农林科技大学学报，2020（8）：1-10．

[4] 孙振元．葛藤及其开发利用［J］．林业科技管理，2001（3）：

41-43.

[5] 刘善臣,樊合生.葛根的植物学特性及高产栽培技术[J].作物研究,2003(2):97-98.

[6] 梁洁,李琳,唐汉军.葛的功能营养特性与开发应用现状[J].食品与机械,2016(32):181,223-230.

[7] 孙华,李春燕,薛金涛.葛根的化学成分及药理作用研究进展[J].新乡医学院学报,2019,36(11):1097-1101.

[8] 李红宁,孙爱群,林长松,等.六盘水葛资源及其药用价值研究[J].种子,2013,32(12):51-54.

[9] 王婷,胡亮,李桂花.优质粉葛栽培技术[J].北方园艺,2011(6):62-63.

[10] 李昕,潘俊娴,陈士国,等.葛根化学成分及药理作用研究进展[J].中国食品学报,2017,17(9):189-195.

[11] 邢志华,马誉畅,李新萍,等.葛根素及其衍生物抗炎、抗痛风作用研究进展[J].中国中药杂志,2017,42(19):3703-3708.

[12] 黄再强,张燕飞,陈玲,等.川产葛根、粉葛总黄酮和多糖含量的对比分析[J].中药与临床,2017,8(3):11-14.

[13] 何开跃,李晓储,黄利斌,等.冷冻胁迫对福建柏苗可溶性糖和丙二醛(MDA)含量的影响[J].江苏林业科技,2000(6):6-8.

[14] 周颖,樊荣,张建逵.人参中可溶性蛋白质含量测定[J].辽宁中医药大学学报,2014,16(8):95-96.

[15] 徐新娟,李勇超.2种植物相对电导率测定方法比较[J].江苏农业科学,2014,42(7):311-312.

[16] 岳海,何双凌,耿建建,等.丛枝菌根真菌对澳洲坚果幼苗耐旱性的影响[J].西部林业科学,2020,49(2):30-35,42.

[17] 赵洁,郎莹,吴畏,等.土壤极端干旱对金银花光合生理生化特性的影响[J].西北植物学报,2017,37(12):2444-2451.

10 干旱胁迫对白花前胡种子萌发和幼苗生理特性的影响

从古至今，我国就推崇中药治病，在应对2020年以来爆发的新冠疫情，中药治疗发挥了重要的作用。我国是世界上水资源紧缺的国家之一，水分的短缺严重制约着药用植物的生长，影响其产量和品质。因此，当前亟须选择一些耐旱的品种，进行规模化种植，满足中医药行业的要求。白花前胡（*Peucedanum praeruptorum* Dunn）是一种重要的中药材，属伞形科（Apiaceae）前胡属（*Peucedanum* L.），是多年生草本植物[1]，又被称为鸡脚前胡、官前胡和山独活。其生长在海拔250~2 000 m的山坡上或半阴性的草丛中，为宿根植物，喜冷凉湿润的气候，在土层疏松、深厚和肥沃的夹沙土中生长良好[2]，具有耐寒冷、耐热、耐干旱和耐贫瘠的特性[3]，但由于白花前胡的分布范围较广，而各地的气候环境条件存在差异，故其抗逆性也存在差异。白花前胡的根是中药中常见的成分之一，具有降气化痰、散风清热的功效[4]，除此之外，还具有抗心脑缺血、抗癌、平喘、降低人体血压和心衰的概率等方面的功效[4]。目前对白花前胡的研究多集中于其生物学特点[5]、化学成分[6-8]、药理作用[9-10]及栽培种植技术[11]等方面。但是关于白花前胡的抗逆性，特别是抗旱性的相关研究鲜见报道。由于白花前胡的分布范围较广，而各地的气候环境条件存在差异，为了研究白花前胡对干旱环境的抗性，本研究将白花前胡种子置于不同浓度梯度的PEG-6000溶液下进行模拟干旱处理，通过对发芽率、发芽势和发芽指数等指标的分析，了解干旱胁迫对种子萌发的影响；同时通过对土壤自然干旱下白花前胡幼苗丙二醛、可溶性蛋白、叶绿素、相对电导率和过氧化物酶等生理生化指标的测定分析，研究自然干旱对其幼苗生长的影响，探明白花前胡种子萌发和幼苗生长对水分的需求，为白花前胡抗旱品种选育及种植适宜水分条件选择提供科学依据，进而提高白花前胡的产量和质量，更好地应用于医药产业。

10.1 材料与方法

10.1.1 材料

白花前胡种子万草种业有限公司生产，网购。

10.1.2 方法

10.1.2.1 试验设计

本试验于2021年3—5月在大同大学植物学试验室进行。挑选籽粒饱满且没有损伤的种子，用自来水浸泡18 h[12]，之后将水倒掉，种子备用。

（1）对白花前胡种子的处理：本试验采用水培法培育种子，首先分别配制3%、5%、8%、10%、15%和20%的PEG-6000溶液，然后在消毒干燥的培养皿中铺四层纱布，以便于植物生长、扎根，将备用种子整齐地放入培养皿中，每个培养皿中放入35粒，在培养皿中分别加入上述配制好的相应浓度的PEG-6000溶液，每个浓度3次重复，并以蒸馏水为对照（CK），共21组，对每个培养皿进行称重，记录其初始重量。之后放入22 ℃的恒温光照培养箱中培养，每天上午称重，用蒸馏水补充散失的水分至初始重量，保证PEG-6000浓度的恒定。

（2）对白花前胡幼苗的处理：将备用种子置于直径15 cm，高度14 cm的花盆中，上面盖一层薄土，再浇水，并用扎孔的塑料薄膜覆盖在花盆上以达到保温和保持土壤水分的效果，待幼苗长出后撤掉塑料薄膜；直至幼苗长出第3片叶子且植株大小基本一致时开始试验。采用土壤自然干旱的方法对白花前胡幼苗进行干旱胁迫，即将幼苗一次性浇透水之后进行干旱处理，分别干旱2 d、4 d和6 d备用。每个处理3次重复，以正常浇水的为对照（干旱处理0 d，CK），共12组。

10.1.2.2 指标测定

每天观察种子发芽情况，以种子明显露白为发芽标准，从种子发芽开始每2 d记录1次种子的发芽数，遇到发霉的种子及时挑出，直到全部种子不再发芽为止；计算种子发芽率、发芽势和发芽指数[13]。取植株相同或相近部位的叶片测定其生理生化指标，相对电导率用上海雷磁DDS-11A数显电导率仪测定[14]，叶绿素含量用便捷式叶绿素测定仪（SPAD-502Pluse）测定[15]，丙二醛含量使用硫代巴比妥酸法测定[16]，可溶性蛋白含量用考马斯亮蓝 G-250 染色法测定[17]，过氧化物酶活性用愈创木酚比色法测定[18]。

发芽率（GR）= 发芽种子的总数/供试种子总数×100%[14]

发芽势（GE）= 发芽高峰期发芽的种子数/供试种子总数×100%[14]

发芽指数（GI）= Σ（Gt/Dt）

式中：Gt 为种子在第 t 天的发芽数；Dt 为发芽天数。

10.1.3 数据统计与分析

使用 Word 2019、Excel 2019 和 SPSS 25 等对原始试验数据进行计算并绘制图表。

10.2 结果与分析

10.2.1 不同浓度 PEG-6000 处理白花前胡种子的萌发

10.2.1.1 发芽率

白花前胡种子的发芽率、发芽势和发芽指数，结果见图 10-1 和表 10-1。

在不同浓度梯度的 PEG-6000 溶液模拟干旱胁迫下，15%和20%的处理在第 14 d 分别有 2 粒和 3 粒种子发芽，但之后便死亡，其余种子不再萌发。除 10%处理在 12 d 之后种子才开始萌发外，其余各组都在第 8 d 起有种子发芽。如图 10-1 所示，就发芽率来讲，随着 PEG-6000 溶液浓度升高，各处理的种子发芽率都在升高，发芽终止时，对照、3%、5%、8%和10%各处理的发芽率分别是 85.71%、91.43%、75.24%、63.81%和46.66%，在 8~24 d，各处理发芽率为 3%>5%>8%>10%，均低于对照，其中第 20 d 为发芽高峰期，各组发芽率都达总发芽率的 50%以上。从第 24 d 开始，3%处理的发芽率超过对照，其余各组仍低于对照，第 34 d 时，3%处理的发芽率是对照的 1.06 倍，5%、8%和10%处理发芽率分别比对照低 12%、26%和45%。方差分析结果显示，对照与各处理、各处理之间均达到显著差异，说明 PEG-6000 模拟的干旱显著影响白花前胡种子的萌发，较低浓度 PEG-6000（3%）可以促进种子的萌发，5%、8%、10%、15%和20%的 PEG-6000 抑制种子萌发，当浓度为 10%时，发芽起始时间延迟，发芽结束时间提早。而 15%和20%的 PEG-6000 几乎完全抑制种子的萌发。由以上分析得出：白花前胡种子能够耐受一定限度的干旱,适宜的干旱有利于种子萌发。

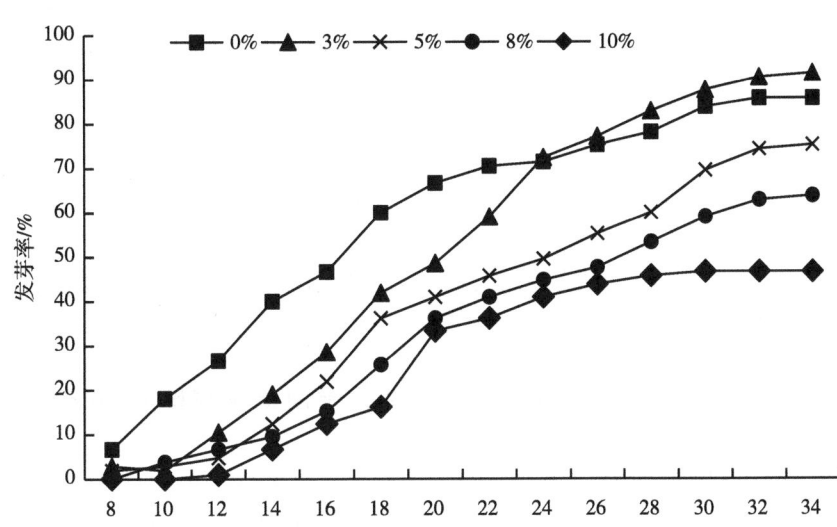

图 10-1 不同浓度 PEG-6000 处理下白花前胡种子发芽率

10.2.1.2 发芽势

白花前胡种子在萌发第 20 d 发芽达到高峰,此时的发芽率为其发芽势,由表 10-1 知,随着 PEG-6000 溶液浓度升高,各处理种子发芽势都在下降,并且 3%、5%、8% 和 10% 各处理的发芽势都低于对照,分别比对照降低 27.15%、38.58%、45.72% 和 50%,15% 和 20% 的处理在第 20 d 无发芽的种子,因此发芽势为 0。方差分析显示,对照与各处理之间差异显著,各处理间除 8% 和 10% 之间以及 15% 和 20% 之间差异不明显外,其余各组间差异明显。说明 PEG-6000 模拟的干旱显著抑制了白花前胡种子的萌发,而且浓度高(15% 和 20%)会导致种子难以萌发。

10.2.1.3 发芽指数

就白花前胡种子发芽指数而言,各处理的发芽指数变化与 PEG-6000 浓度的变化成反比。对照最高,为 1.75;浓度 3%、5%、8% 和 10% 处理的发芽指数分别是对照的 92.00%、73.71%、66.28% 和 49.14%;浓度 15% 和 20% 处理的发芽指数为 0。方差分析表明,对照与各处理、各处理间均差异显著。说明干旱胁迫会降低白花前胡种子的发芽指数,并且浓度越高,降低的程度越大。

表 10-1 不同浓度 PEG-6000 下白花前胡种子的发芽率、发芽势和发芽指数

PEG-6000 的浓度/%	发芽率（GR）/%	发芽势（GE）/%	发芽指数（GI）/%
0	85.71±2.85b	66.67±3.30a	1.75±0.11a
3	91.43±2.86a	48.57±2.86b	1.61±0.06b
5	75.24±1.64c	40.95±1.65c	1.29±0.09c
8	63.81±1.64d	36.19±164d	1.16±0.05c
10	46.67±1.65e	33.33±1.65d	0.86±0.02d
15	0.00±0.00f	0.00±0.00e	0.00±0.00e
20	0.00±0.00f	0.00±0.00e	0.00±0.00e

注：各列不同小写字母表示处理间差异显著（$P<0.05$）；发芽率为发芽结束时最终的统计数。

10.2.2 干旱胁迫处理白花前胡幼苗各生理生化指标的变化

10.2.2.1 相对电导率

从图 10-2 看出，随干旱时间延长，白花前胡幼苗相对电导率呈逐渐上升趋势，表现为 6 d>4 d>2 d>CK。其中，对照（干旱处理 0 d，下同）的相对电导率最低，为 17.49%；干旱处理 6 d 时达最高，为 46.89%；干旱处理 2 d、4 d 和 6 d 的相对电导率分别较对照增加 35.4%、105.0% 和 168.1%。对照的相对电导率显著低于干旱处理 6 d 时相对电导率，而与干旱处理 2 d 和 4 d 的相对电导率无显著差异。表明，在干旱处理 6 d 时白花前胡幼苗的细胞膜受损最严重。

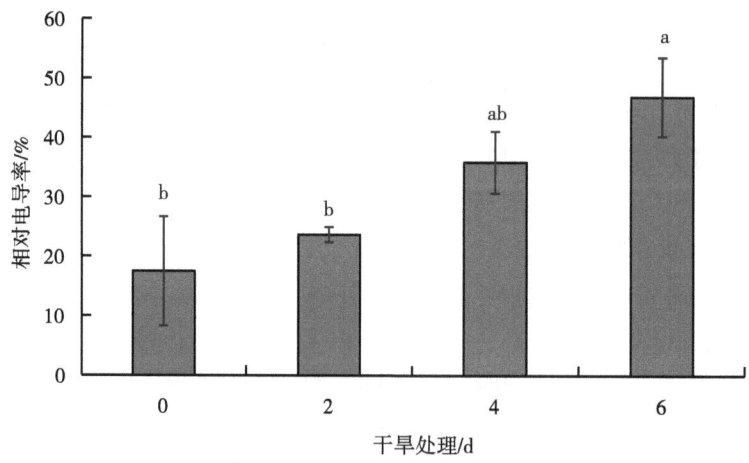

图 10-2 不同程度干旱处理下白花前胡幼苗相对电导率

注：不同小写字母表示处理间差异显著（$P<0.05$）。

10.2.2.2 叶绿素含量

从图10-3看出,随着自然干旱时间延长,白花前胡幼苗的SPAD值变化为先高后低,当干旱处理2 d时,叶片的SPAD值最高为30.85,与对照相比提高7.9%,而干旱4 d和6 d的处理分别比对照提高3.1%和1.3%;对照与各处理、各处理之间均没有显著差异。说明白花前胡幼苗可以通过提高叶绿素的含量来抵抗干旱胁迫。

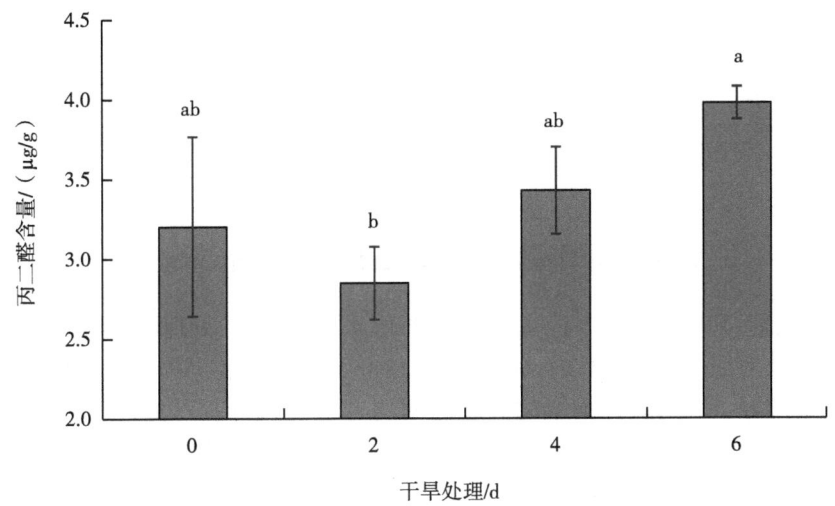

图10-3 不同程度干旱处理下白花前胡幼苗叶绿素含量（SPAD值）

10.2.2.3 丙二醛含量

如图10-4所示,随着干旱时间延长,白花前胡幼苗丙二醛的含量先减少后增加,含量最低的是干旱2 d的处理,为2.85 μg/g,较对照减少11.06%;干旱4 d较对照增加7.03%;而干旱处理6 d后丙二醛的含量达到最高,为3.98 μg/g,较对照增加24.17%;且除了干旱2 d的处理和干旱6 d的处理之间有显著差异之外,对照与其他干旱的处理之间均无显著差异。通过以上分析可知,随着干旱时间的延长,白花前胡幼苗细胞膜的过氧化加剧。

10.2.2.4 可溶性蛋白

由图10-5可知,随着干旱时间延长,白花前胡幼苗可溶性蛋白含量明显增加,可溶性蛋白含量最低的是对照,为0.13 mg/g,含量最高的是干旱

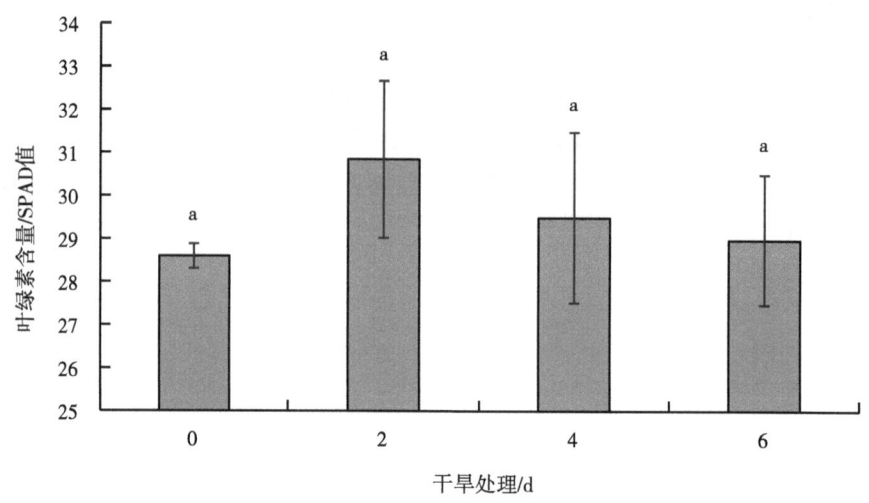

图 10-4　不同程度干旱处理下白花前胡幼苗丙二醛含量

6 d 的处理，其值为 0.85 mg/g；干旱 2 d、4 d 和 6 d 的处理的可溶性蛋白含量分别是对照的 1.71 倍、3.66 倍和 6.13 倍。对照只和干旱 2 d 的处理之间无显著差异，而与其他干旱的处理之间均有显著差异。可见，随着干旱加剧，白花前胡幼苗的可溶性蛋白质含量明显增加，以增加其抗旱性。

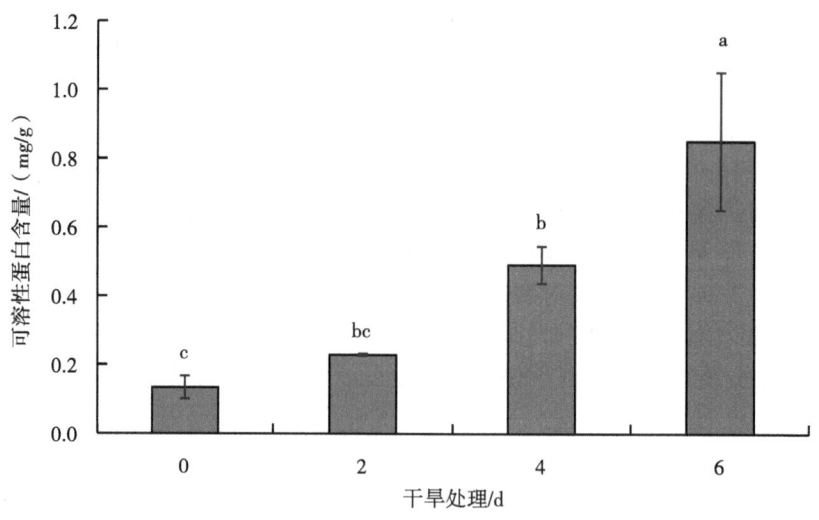

图 10-5　不同程度干旱处理下白花前胡幼苗可溶性蛋白含量

10.2.2.5 过氧化物酶活性

过氧化物酶是普遍存在于植物组织中的一种酶类,能催化很多反应,但其活性在植物生长过程中会不断变化。所以,可以通过检测植物组织中过氧化物酶的活性的高低来判断植物的抗性大小。由图 10-6 可知,随着干旱时间延长,白花前胡幼苗过氧化物酶的活性呈先增加后减少的趋势,在干旱处理 2 d 后其活性达到最高,为 1.76 $\Delta OD_{470}/(min·g·FW)$,比对照增加了 0.11%;增加的量并不大,而干旱 4 d 的处理与干旱 2 d 的处理相比较,明显可见降幅较大,降低了 34.45%;但是干旱程度加剧时,过氧化物酶活性减少的程度就比较低了,干旱 6 d 的处理与干旱 4 d 的处理相比较,过氧化物酶活性只下降了 7.89%。且对照与每个处理之间、处理相互间均无显著差异。

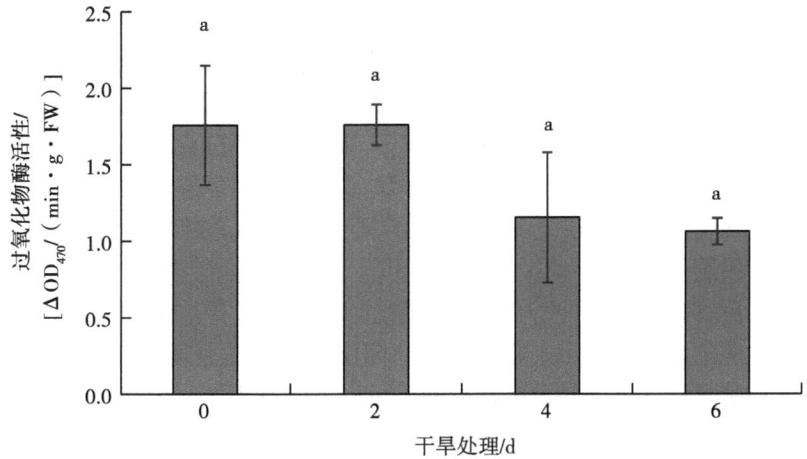

图 10-6　不同程度干旱处理下白花前胡幼苗过氧化物酶活性

10.3　讨论

种子萌发是植物生活史的起始阶段,除了与种子本身特征有关,还与水分、温度、光照等环境因素有关。本试验以不同浓度梯度的 PEG-6000 溶液模拟白花前胡种子萌发的水分条件,试验结果显示,随着 PEG-6000 溶液浓度升高,白花前胡种子的发芽率在发芽初期到中期(24 d 前)都低于对照,后期只有 3%处理超过对照,其余仍低于对照,说明低浓度的干旱有利于种子萌发，但高浓度则抑制种子萌发，并且浓度越高抑制作用越明显，表现在浓度为10%时，发芽起始时间推迟，结束时间提前，整个发芽周期变短，发芽率降低，当浓度为15%和20%时，种子不能萌发直至死亡。白花前胡种子的发芽势和发芽指数均与PEG-6000溶液的浓度成反比，而且浓度越高，发芽势和发芽指数下降的幅度越大，说明干旱条件下，白花前胡种子的萌发明显受到抑制，出现发芽延缓、发芽不整齐、发芽率低的现象，与齐容镰等[19]研究干旱胁迫下铃铛刺种子萌发特性及王传旗等[20]研究西藏浪卡子县野生垂穗披碱草种子萌发对水盐胁迫响应的研究结果一致。

相对电导率是反映植物抗性大小的一个重要指标，干旱条件下，细胞膜受损，离子通透性增大，导致相对电导率升高。本研究表明，随着干旱天数增加，白花前胡幼苗的相对电导率明显升高，与高昆等[21]对干旱胁迫下粉葛幼苗生理特性影响研究中得出的结果一致。可见，在干旱胁迫下严重破坏了白花前胡幼苗的细胞膜，使离子渗出，从而使相对电导率升高。

叶绿素含量的大小可以直接表征光合作用的强弱[22]，根据这一含量的变化可以推断出植株生长发育的快慢和质量。在本试验中，白花前胡幼苗在自然干旱条件下，随着干旱时间的延长，叶绿素含量变化呈单峰型曲线，在第2 d到达峰值，说明幼苗在干旱胁迫敏感期叶绿素含量增加，当适应干旱后叶绿素含量则会下降，与王园园等[23]研究干旱胁迫对紫花苜蓿幼苗生理特征影响的结果一致。

植物器官在逆境条件下会发生膜脂过氧化作用，丙二醛是其产物之一。常用丙二醛的含量来表示细胞膜过氧化程度和植物对逆境条件反应的强弱。过氧化物酶是植物体内常见的保护酶，可以清除有害的自由基，防止膜脂过氧化，保护膜的稳定性。本试验结果表明，随着干旱程度的加剧，白花前胡幼苗的丙二醛含量呈现先降低后增加的趋势，而过氧化物酶活性呈先升高后降低的趋势，与李新蕾等[24]研究的扁核木抗旱性及马雪梅等[25]研究干旱胁迫对金银花生理指标与品质影响的结果一致。由于在干旱处理下白花前胡幼苗酶的活性的升高使植株细胞膜得到了保护，所以干旱初期（第2 d）丙二醛含量较低，当干旱时间继续延长时，由于植株细胞内活性氧自由基的产生以及清除的平衡被破坏[26]，过氧化物酶活性降低，细胞膜过氧化程度加剧，丙二醛含量升高。

植物也可以通过调节细胞中渗透调节物质可溶性蛋白的含量来抵御干旱，本试验中白花前胡可溶性蛋白含量随着干旱胁迫的加剧逐渐增加，可溶性蛋白质降低了细胞的水势，使细胞能吸收更多水分，从而减少水分流失，起到保水作用，应对干旱。这与孟衡玲等[27]对金银花的干旱研究结果类似。

10.4 结论

本研究结果显示：用PEG-6000模拟干旱，除浓度15%和20%处理白花前胡种子发芽率、发芽势和发芽指数均为0外，浓度3%处理发芽率为91.43%，高于对照（85.71%），而浓度5%~10%处理，发芽率较对照分别下降12.22%、25.56%和45.56%，且与对照差异显著；发芽势和发芽指数均与PEG-6000溶液的浓度成反比，3%~10%处理发芽势分别比对照降低27.15%、38.58%、45.72%和50.00%；发芽指数分别是对照的92.00%、73.71%、66.28%和49.14%。各处理与对照的发芽势和发芽指数均呈显著差异。随着自然干旱时间延长，白花前胡幼苗叶片丙二醛含量先降低后升高，0~6 d丙二醛含量分别为3.20 μg/g、2.85 μg/g、3.43 μg/g和3.98 μg/g。SPAD值和过氧化物酶活性先升高后降低，均在第2 d达到最高，分别是30.85和1.76 ΔOD_{470}/（min·g·FW），相对电导率和可溶性蛋白含量表现为持续上升趋势，其变化范围分别是17.49%~45.89%和0.13~0.85 mg/g。综上结果得出：适度的干旱有利于白花前胡种子萌发，白花前胡幼苗能够忍受短时间的干旱胁迫，因此在种植时要注意对其水分的供给。

参考文献

[1] 韩邦兴，王德群. 白花前胡生物学特性初步研究 [J]. 中国野生植物资源，2008（4）：44-45，52.

[2] 汪利梅，郑平汉，陈颖君. 白花前胡仿野生栽培新技术 [J]. 新农村，2017（11）：23-24.

[3] 杨仁德，赵欢，李剑. 白花前胡的药理作用及栽培技术 [J]. 现代化农业，2015（3）：22-23.

[4] 宋芷琪，李斌，田琨宇，等. 前胡与紫花前胡的化学成分和药理作用研究进展 [J]. 中草药，2022，53（3）：948-964.

[5] 陈如兵. 前胡种子生物学特性、萌发技术及种植标准化研究 [D]. 杭州：浙江中医药大学，2019.

[6] 徐攀，梁卫青，张宏建，等. 前胡有效成分含量与气候因子的相关性分析 [J]. 中华中医药杂志，2021，36（9）：5614-5618.

[7] 刘定平.白花前胡的化学成分研究[D].南昌：江西中医药大学，2020.

[8] 田玉路，王宏侠，高萌，等.高效液相色谱法测定前胡中白花前胡甲素和白花前胡乙素的含量[J].河北医科大学学报，2017，38（3）：331-335.

[9] 周晓霞，张建情，刘春晓，等.白花前胡有效成分 Pd-Ia 对急性肺损伤的作用及机制研究[J].中国药理学通报，2016，32（8）：1165-1170.

[10] 褚丹涛，邢伟.白花前胡甲素在臂丛神经阻滞麻醉中的应用效果观察[J].中国药房，2016，7（17）：2376-2378.

[11] 郑颖，简启萍，赵仁全，等.不同种植方式对白花前胡产量和效益的影响[J].耕作与栽培，2019，39（6）：31-32.

[12] 冯协和，何伶俐，陈科力，等.白花前胡种子发芽试验研究[J].北方园艺，2015（14）：159-162.

[13] 章尧想，徐军，任文佼，等.干旱胁迫对半日花种子萌发及幼苗生理特性的影响[J].东北林业大学学报，2014，42（7）：87-90.

[14] 高昆，王佳琪.干旱胁迫对锦灯笼种子萌发及幼苗生理特性的影响[J].北方园艺，2020（7）：132-137.

[15] 韩多红，王恩军，张勇.稀土微肥对干旱胁迫下黄芪幼苗生理特性的影响[J].中国野生植物资源，2021，40（4）：33-37.

[16] 马斌，张娅，吴毅，等.干旱胁迫对4种木兰科树种生理特性的影响[J].中南林业科技大学学报，2020，40（11）：93-99.

[17] 柯野，谢璐，蓝林，等.低磷胁迫对甘蔗幼苗生长和生理特性的影响[J].江苏农业科学，2019，47（20）：114-118.

[18] 杨利艳，杨小兰，朱满喜，等.干旱胁迫对藜麦种子萌发及幼苗生理特性的影响[J].种子，2020，39（9）：36-40.

[19] 齐容镰，莎仁图雅，李钢铁，等.盐旱胁迫下铃铛刺种子萌发特性[J].北方园艺，2021（15）：81-88.

[20] 王传旗，张文静，德吉卓玛，等.西藏浪卡子县野生垂穗披碱草种子萌发对水盐胁迫的响应[J].种子，2018，37（7）：39-43.

[21] 高昆，石义妃.干旱胁迫对粉葛幼苗生长及生理特性的影响[J].江苏农业科学，2021，49（8）：153-157.

[22] 喻泽莉,何平,张春平,等.干旱胁迫对决明种子萌发及幼苗生理特性的影响[J].西南大学学报(自然科学版),2012,34(2):39-44.

[23] 王园园,赵明,张红香,等.干旱胁迫对紫花苜蓿幼苗形态和生理特征的影响[J].中国草地学报,2021,43(9):78-87.

[24] 李新蕾,李叶芳,李凤荣,等.干旱胁迫对扁核木种子萌发及幼苗生理特性的影响[J].云南农业大学学报(自然科学版),2020,35(4):682-687.

[25] 马雪梅,吴朝峰.干旱胁迫对金银花生理指标与品质的影响[J].贵州农业科学,2017,45(6):37-39.

[26] 高昆,韦加幸.NaCl胁迫对锦灯笼种子萌发和幼苗生理特征的影响[J].种子,2021,40(1):119-123.

[27] 孟衡玲,苏一兰,张薇,等.干旱胁迫对金银花幼苗生理指标的影响[J].贵州农业科学,2014,42(8):38-40.

11 Na₂SO₄胁迫对紫苏种子萌发及其幼苗生理特性的影响

受气候变化及人类活动的长期影响，土壤盐碱化已经成为世界性的生态环境问题。我国盐渍土面积约 $3.5×10^7 hm^2$，相当于耕地的 1/3[1,2]，由于开发利用方式不合理，有进一步扩大的趋势，严重制约着农业可持续发展，破坏了生态环境。土壤盐碱化造成了土壤与植物根部根毛的渗透势差，容易破坏植物的渗透平衡，影响植物对土壤中的水分和矿质元素的吸收、运输与利用，进而影响植物的生长发育，严重的还会造成植物死亡。因此，筛选耐盐植物，对于改良土壤、改善生态环境具有重要的现实意义。

紫苏 [*Perilla frutescens* (L.) Britt.] 是唇形科 (Lamiaceae) 紫苏属 (*Perilla*) 一年生草本植物[3]，其抗性较强，能够在山地、丘陵及盐碱地种植[4]。紫苏是国家卫生部首批公布的 60 种药食两用的植物之一[5]。紫苏营养丰富，含有粗蛋白、粗脂肪、维生素 C 胡萝卜素，叶片中的迷迭香酸、多酚、黄酮、花青素等活性物质具有清除自由基和抗氧化能力[6,7]，此外，紫苏还含有多种矿质元素，如钾、钙、磷、镁、铁、铜、锌、硒等[8]，是深受人们喜爱的蔬菜。紫苏的梗、叶和籽都可入药，紫苏籽富含 α-亚麻酸、油酸和亚油酸，这些植物油具有调节血脂、促进学习记忆、止咳平喘、抗衰老、抗过敏和减肥等作用[9]，在营养学界有"植物脑黄金"的美誉[10]，α-亚麻酸在医药和保健食品领域有着广泛的用途。

我国的紫苏资源丰富，品种多样。目前，关于紫苏的研究多集中在化学成分分析[11-14]和药用价值[15,16]方面，紫苏对模拟盐胁迫环境有一定抗逆性的研究已经在 NaCl[4]、Na_2CO_3[17]、$NaHCO_3$[18]等盐胁迫上得到证实，而 Na_2SO_4 胁迫对紫苏种子萌发和幼苗生长的影响研究尚鲜见报道，Na_2SO_4 是我国西北和华北内陆盐碱地上继 NaCl 之后的第二大类盐胁迫[19]。本次研究以国产双色紫苏（面绿背紫）为材料，采用水培的方法，通过研究不同浓度的 Na_2SO_4 胁迫下紫苏种子萌发、幼苗的生长状况和生理特性的变化，探讨紫苏种子和幼苗的抗盐性，为利用紫苏改良我国的盐碱地，提高土壤质量，改善生态环境，实现农业的可持续发展提供科学依据。

11.1 材料与方法

11.1.1 材料

以国产双色紫苏（*Perilla frutescens*）种子为试验材料。

11.1.2 试验方法

11.1.2.1 紫苏种子胁迫

挑选大小、色泽相近的紫苏种子，用双层纱布将种子包裹，全部浸没在盛有蒸馏水的烧杯中浸种 12 h，然后在 5% 的过氧化氢溶液中浸泡 5 min 消毒，之后在蒸馏水里浸泡 1 min 清洗。将处理好的种子放到培养皿里，每个培养皿里放 50 粒。胁迫分别采用 50 mmol/L、100 mmol/L、150 mmol/L、200 mmol/L、250 mmol/L 的 Na_2SO_4 溶液，以蒸馏水处理作对照。试验分 6 组，每组 3 个重复，共 18 组，对照组记为 CK，试验组记为 1~5 组。分别向每组的各培养皿中加入 10 mL 对应浓度的 Na_2SO_4 溶液，对照组加 10 mL 蒸馏水，称量并记录每个培养皿的初始重量，将培养皿放在恒温培养箱中培养。之后每天定时观察种子的萌发情况，并称量培养皿的重量，低于初始重量时补充蒸馏水，以维持 Na_2SO_4 溶液浓度恒定。6 d 后取出已经发芽的种子，测定胚根长、茎长、叶片大小和侧根数和苗鲜重。

11.1.2.2 复萌试验

由预试验可知，在第 6 d 时，Na_2SO_4 胁迫的紫苏种子已经达到最大萌发率，因此，在第 6 d 统计发芽情况之后，将不同浓度 Na_2SO_4 处理中未萌发的紫苏种子挑选出来，用蒸馏水浸泡冲洗多次后，分别放在盛有蒸馏水培养皿中再次培养，按原处理浓度记为 R1~R5 组，放在培养箱中观察并记录这些紫苏种子的萌发情况。6 d 后统计复萌率、发芽势，测量根长和茎长。

11.1.2.3 紫苏幼苗胁迫

将在蒸馏水中萌发并生长 12 d 的紫苏幼苗，选择长势接近的分为五组，分别用蒸馏水，100 mmol/L、150 mmol/L、200 mmol/L、250 mmol/L 的 Na_2SO_4 溶液处理两天，记为 D1~D5 组，培养方式同上。然后测量紫苏幼苗的可溶性糖含量[20]、丙二醛含量[21]和可溶性蛋白含量[22]。

11.1.3 指标计算

以肉眼可以观察到白色胚根为种子发芽的标准,每天观察并记录各处理组种子的发芽数,连续观察记录 6 d 后进行数据计算。

发芽率(GP,%)=(发芽种子总数/供试种子总数)×100[23]。

发芽势(GE,%)= 3 d 内发芽种子数/供试种子总数×100[24]。

耐盐浓度(适宜值):发芽率达到对照组发芽率 75%时相对应的盐浓度[25]。

半数抑制浓度(临界值):发芽率达到对照组发芽率 50%时相对应的盐浓度[25]。

相对发芽率(%)=某一盐处理下的发芽率/对照组的发芽率×100[26]。

相对盐害率(%)=(对照组发芽数−各组盐处理发芽数)/对照组的发芽数×100[26]。

复萌率(%)=复萌的种子数/经盐胁迫未萌发种子数×100[24]。

11.1.4 数据处理

试验所得的数据用 SPSS.22.0 软件进行分析。

11.2 结果与分析

11.2.1 Na_2SO_4 胁迫下紫苏种子的发芽率与发芽势

由表 11−1 可以看出,在 Na_2SO_4 处理下的紫苏种子,其 GP 与 CK 组相比均有下降趋势。1~5 组的 GP 分别为 76%、56%、56%、36%和 22%。1~3 组的 GP 与 CK 组差异不显著($P>0.05$),4 组和 5 组的 GP 与 CK 相比差异显著($P<0.05$)。

表 11−1 中,Na_2SO_4 处理的紫苏种子,其 GE 与 CK 组相比也表现出下降趋势,但 GE 与 GP 下降的程度不同。1~5 组的 GE 分别为 74%、56%、60%、16%、0%,各占 CK 组的 92.5%、70%、75%、20%、0%。1~3 组的 GE 与 CK 组差异不显著($P>0.05$),4 组和 5 组的 GE 与 CK 组相比差异极显著($P<0.01$),4 组与 5 组的 GE 之间也有显著差异($P<0.05$)。

综上所述,CK 组的紫苏种子 GP 和 GE 最高,在所设置的每一个 Na_2SO_4 浓度处理下紫苏种子的 GP 和 GE 与 CK 组相比都有不同程度的减小,但除了4组和5组外,其他各组的GP和GE都与CK差异不显著,说明紫苏种子萌发具有一定的抵抗Na_2SO_4的能力,只在高浓度Na_2SO_4下才明显抑制种子萌发。此外,由发芽率可知,紫苏种子的耐Na_2SO_4浓度(适宜值)为50 mmol/L,Na_2SO_4的半数抑制浓度为150 mmol/L。

表11-1 Na_2SO_4处理下紫苏种子的发芽率与发芽势

处理组	Na_2SO_4浓度/(mmol/L)	发芽率/(GP,%)	发芽势/(GE,%)
CK	0	84a	80aA
1	50	76ab	74abAB
2	100	56ab	56abAB
3	150	56ab	60abAB
4	200	36b	16bB
5	250	22b	0cB

注:表中同列不同小写字母表示$P<0.05$时差异显著;不同大写字母表示$P<0.01$时差异极显著。下同。

11.2.2 Na_2SO_4胁迫下紫苏种子的相对发芽率和相对盐害率

相对发芽率和相对盐害率,反映种子在萌发中的生活力。表11-2中,1~5组的紫苏种子相对发芽率表现出下降的趋势,分别为90%、66.7%、66.7%、42.8%和26.2%。其中5组的相对发芽率与其他组相比有显著差异($P<0.05$),说明高浓度Na_2SO_4才使紫苏种子相对发芽率明显降低,而中低浓度降低的差异不显著。

由表11-2可知,Na_2SO_4处理的紫苏种子,其相对盐害率分别为9.5%、33.3%、33.3%、57.1%、73.8%。说明Na_2SO_4浓度越高,对种子萌发造成的盐害越大。1组的相对盐害率最小,且与其他组相比差异显著($P<0.05$),说明紫苏种子能够忍耐一定浓度的Na_2SO_4。

另外,在试验观察的过程中,当Na_2SO_4浓度高于200 mmol/L时,从萌发3 d后开始,紫苏种子周围会产生乳白色的絮状物质,种子外壳变软且种皮内部的胚变质,种子逐渐死亡,且随着培养时间的推移和Na_2SO_4浓度的增大,发霉和死亡的种子数目逐渐增多,说明高浓度的Na_2SO_4对紫苏种子造成了严重的伤害,使种子霉变甚至死亡。

表 11-2 Na$_2$SO$_4$胁迫下紫苏种子的相对发芽率和相对盐害率

处理组	Na$_2$SO$_4$浓度/(mmol/L)	相对发芽率/%	相对盐害率/%
CK	0	—	—
1	50	90.40a	9.50b
2	100	66.70a	33.30a
3	150	66.70a	33.30a
4	200	42.80a	57.10a
5	250	26.20b	73.80a

11.2.3 Na$_2$SO$_4$胁迫下紫苏幼苗的生长情况

逆境下的植物其生长情况会发生异于正常植物的变化。在 Na$_2$SO$_4$胁迫下紫苏种子也可以萌发并生长发育为幼苗，对其生长状况，包括紫苏幼苗的根、茎、叶的生长情况进行观察记录和测量得出表 11-3 的数据。

11.2.3.1 Na$_2$SO$_4$胁迫对紫苏幼苗主根的影响

从表 11-3 中可以看出，CK 组和 1~5 组的紫苏幼苗的主根长分别为 7 cm、0.7 cm、0.4 cm、0.2 cm、0.1 cm、0.05 cm，呈下降趋势。1~5 组分别比 CK 组下降了 90%、94.3%、97.1%、98.5% 和 99.3%，Na$_2$SO$_4$浓度越高，主根长度下降越多。5 组与 1 组紫苏幼苗的主根长度有显著差异（$P<0.05$），其余相邻处理组之间差异不显著，但每组处理与 CK 组的差异都显著（$P<0.05$）。说明不同浓度的 Na$_2$SO$_4$都影响主根生长，但浓度高的影响更明显。

11.2.3.2 Na$_2$SO$_4$胁迫对紫苏幼苗侧根的影响

表 11-3 显示，1~5 组中紫苏幼苗的侧根数分别为 4、2、1、0、0，与 CK 组（21 根）相比有显著减少（$P<0.05$）。4 组和 5 组与其他处理组侧根数有显著差异（$P<0.05$），且在这两组中的紫苏幼苗侧根数为 0，说明当 Na$_2$SO$_4$浓度大于 200 mmol/L 时，侧根生长完全被抑制。

11.2.3.3 Na$_2$SO$_4$胁迫对紫苏幼苗茎的影响

与侧根数类似，紫苏幼苗的茎长与 Na$_2$SO$_4$浓度呈负相关。1~3 组紫苏幼苗的茎长依次为 0.4 cm、0.2 cm、0.1 cm，分别为 CK 组的 33.3%、16.7%、8.3%，4 组与 5 组 Na$_2$SO$_4$浓度达到 200 mmol/L 和 250 mmol/L，种

子无幼茎的形成。1~5 组紫苏幼苗的茎长与 CK 组相比都有显著差异（$P<0.05$），4 组和 5 组的紫苏幼苗的茎长与 1 组相比差异显著（$P<0.05$），说明不同浓度的 Na_2SO_4 都会抑制紫苏幼苗茎的伸长，但高浓度抑制作用更强，甚至阻止幼茎的生长。

11.2.3.4 Na_2SO_4 胁迫对紫苏幼苗子叶的影响

叶片大小记录的是紫苏幼苗子叶的最大宽度，1~3 组的紫苏幼苗的叶片大小分别为 0.5 cm、0.4 cm、0.2 cm，与 CK 组相比分别减小了 0.1 cm、0.2 cm、0.4 cm。4 组和 5 组的紫苏无子叶。CK 组与试验组差异显著（$P<0.05$），但各处理组之间差异不显著（$P>0.05$），说明 Na_2SO_4 胁迫对紫苏幼苗子叶的生长有一定的影响，但是不同浓度之间差别不大，这是与子叶的作用有关，它为幼苗生长提供营养，而自身生长不是很大。

表 11-3 Na_2SO_4 胁迫下紫苏幼苗的生长情况

处理组	Na_2SO_4 浓度/（mmol/L）	主根长/cm	侧根数/根	茎长/cm	子叶大小/cm	苗鲜重/g
CK	0	7a	21a	1.2a	0.6a	0.17A
1	50	0.7b	4b	0.4b	0.5b	0.11B
2	100	0.4bc	2bc	0.2b	0.4b	0.8B
3	150	0.2bc	1bc	0.1b	0.2b	0.05B
4	200	0.1bc	0c	0c	0b	0.02B
5	250	0.05c	0c	0c	0b	0.02B

11.2.3.5 Na_2SO_4 胁迫对紫苏幼苗鲜重的影响

苗鲜重记录的是同一浓度下生长状态最好的五棵紫苏幼苗的总重量。随着 Na_2SO_4 胁迫加重，紫苏幼苗鲜重呈减少趋势。1~5 组紫苏幼苗的鲜重分别为 0.11 g、0.08 g、0.05 g、0.02 g、0.02 g，分别为 CK 组的 64.7%、47.7%、29.4%、11.7%、11.7%。各处理组之间无显著差异（$P>0.01$），但各处理与 CK 组相比差异十分显著（$P<0.01$）。说明试验设置的任何浓度的 Na_2SO_4 都会明显影响到紫苏幼苗的重量。

11.2.4 复萌处理后紫苏种子的生长情况

11.2.4.1 复萌处理紫苏种子的复萌率与发芽势

Na_2SO_4 胁迫的第 6 d，将各处理中未萌发的种子选出来用蒸馏水清洗后进行复萌6 d，观察并记录种子的复萌率、发芽势、根长和茎长，整理得到表11-4。

由表11-4可知，R1~R5中复萌处理种子的复萌率分别为40%、10%、9%、6.6%、6.2%，表现出下降趋势，发芽势与复萌率变化情况相同。由于复萌处理的种子复萌率和发芽势都受到原处理浓度的影响，所以最大复萌率只有原CK组的50.2%，最大发芽势只达到了CK组的43.8%。R1与其他组相比复萌率和发芽势差异显著（$P<0.05$）。说明高浓度的Na_2SO_4对紫苏种子的复萌影响要明显高于低浓度。

11.2.4.2 复萌处理的紫苏幼苗的根长

从表11-4可以看出，复萌后R1~R5组紫苏幼苗的根长分别为3.3 cm、2.2 cm、0.5 cm、0.2 cm和0.1 cm，各组都高于原处理的1~5组，但仍低于CK组，分别是CK的47.1%、31.4%、7.1%、2.9%和1.4%。R1与R5中紫苏幼苗根长的差异极显著（$P<0.01$），R2与R3、R4、R5的紫苏幼苗根长有显著差异（$P<0.05$）。说明复萌处理的紫苏幼苗其根生长还是受到了原处理组Na_2SO_4浓度影响，且原浓度越大，对根生长的抑制作用越大。

11.2.4.3 复萌处理的紫苏幼苗的茎长

从表11-4可知，复萌处理的紫苏幼苗其茎的生长也受到原处理组Na_2SO_4浓度的影响，最大茎长为0.5 cm，仅为CK组的41.6%。随着原处理浓度的升高，复萌处理紫苏幼苗的茎长均减小，最小R5组的为0.05 cm。R1与其他处理组的紫苏幼苗茎长有显著差异（$P<0.05$），说明紫苏幼苗生长具有一定的抵抗Na_2SO_4的能力。

综上所述，复萌处理的紫苏种子，其复萌和生长均受原处理组Na_2SO_4浓度限制。随原处理组Na_2SO_4的浓度升高，复萌率和发芽势均下降，根和茎都生长缓慢，长度减小。

表11-4 复萌处理的紫苏种子的复萌率和发芽势

处理组	原处理浓度/ （mmol/L）	复萌率/ %	发芽势/ %	根长/ cm	茎长/ cm
R1	50	40a	35a	3.3aA	0.5a
R2	100	10b	8.5b	2.2aA	0.3ab
R3	150	9b	7.6b	0.5bA	0.2b
R4	200	6.6b	6.1b	0.2bA	0.1b
R5	250	6.2b	5.6b	0.1bB	0.05b

11.2.5 Na$_2$SO$_4$胁迫下紫苏幼苗的生理生化特性

11.2.5.1 Na$_2$SO$_4$胁迫对紫苏幼苗可溶性蛋白含量的影响

从表11-5可知,紫苏幼苗可溶性蛋白含量呈现先升后降趋势。D1~D5组的可溶性蛋白含量分别为 0.241 mg/g、1.590 mg/g、0.392 mg/g、0.353 mg/g、0.189 mg/g,在Na$_2$SO$_4$浓度为100 mmol/L时达到最大,之后开始下降,但在150 mmol/L和200 mmol/L时仍高于对照组(D1),只有在250 mmol/L时才低于对照组。显著性分析显示,D1组与D2、D3、D4组,D2组与D3、D4、D5组均有显著差异($P<0.05$),D5组与D1组无显著差异($P>0.05$)。说明低浓度的Na$_2$SO$_4$可使紫苏幼苗的可溶性蛋白增加,而高浓度则抑制其形成。

11.2.5.2 Na$_2$SO$_4$胁迫对紫苏幼苗可溶性糖含量的影响

如表11-5所示,与对照(D1)比,紫苏幼苗可溶性糖含量表现为先增后减,在Na$_2$SO$_4$浓度为150 mmol/L时达到最高值。D2~D5组可溶性糖含量分别是D1组的1.47倍、1.88倍、1.79倍、1.47倍。除D3组与D4组外,其余各组间差异显著($P<0.05$)。说明中低浓度Na$_2$SO$_4$可以促进紫苏幼苗可溶性糖的合成,而高浓度的Na$_2$SO$_4$使可溶性糖合成减少。

11.2.5.3 Na$_2$SO$_4$胁迫对紫苏幼苗MDA含量的影响

表11-5中,紫苏幼苗MDA含量随Na$_2$SO$_4$浓度增加而先增大后减小。D1~D5组的MDA含量分别为0.347 μmol/L、0.355 μmol/L、0.471 μmol/L、0.483 μmol/L、0.395 μmol/L。在Na$_2$SO$_4$浓度为200 mmol/L时MDA显著升高($P<0.05$),且达到最大。

表11-5 Na$_2$SO$_4$胁迫对紫苏幼苗生化指标的影响

处理组	Na$_2$SO$_4$浓度/(mmol/L)	可溶性蛋白含量/(mg/g)	可溶性糖含量/(mmol/L)	MDA含量/(mol/L)
D1	0	0.241c	0.894c	0.347b
D2	100	1.590a	1.323b	0.355b
D3	150	0.392b	1.674a	0.471a
D4	200	0.353b	1.592a	0.483a
D5	250	0.189c	0.311d	0.395b

11.3 结论与讨论

11.3.1 Na$_2$SO$_4$胁迫对紫苏种子萌发的影响

种子萌发是植物发育的起始阶段，也是生活史中最为关键和重要的发育阶段[27]。正常的种子萌发不仅取决于自身条件，还与各种环境条件如水分、温度、土壤状况等密切相关。Na$_2$SO$_4$是土壤中的中性盐，土壤中由于Na$_2$SO$_4$的大量存在，改变了植物体内的离子平衡，进而影响植物对水分和矿质营养的吸收、运输和利用，最终影响植物的生长。

在本次试验中，紫苏种子的GP和GE均随着Na$_2$SO$_4$溶液浓度的增加而降低，在Na$_2$SO$_4$浓度分别为50 mmol/L、100 mmol/L和150 mmol/L时，对GP和GE的抑制不显著，而在200 mmol/L和250 mmol/L时抑制作用明显，说明紫苏种子能够忍耐一定浓度的Na$_2$SO$_4$胁迫。

随着Na$_2$SO$_4$浓度的升高，紫苏种子相对发芽率下降，相对盐害率增加，且在高浓度下（大于200 mmol/L），出现种子霉变甚至死亡现象，说明高浓度的Na$_2$SO$_4$对紫苏种子造成了严重的伤害。

试验结果表明：紫苏种子的相对发芽率达到75%以上时对应的Na$_2$SO$_4$浓度为50 mmol/L，Na$_2$SO$_4$的半数抑制浓度为150 mmol/L。Na$_2$SO$_4$浓度越高，紫苏种子萌发受到的抑制作用和伤害就越大。

复萌试验结果显示，复萌处理的紫苏种子，其复萌和生长均受原处理组Na$_2$SO$_4$浓度的影响，复萌率和发芽势都随原Na$_2$SO$_4$浓度的升高而降低，而且还是明显低于原处理组。根长和茎长也随原Na$_2$SO$_4$浓度的升高而减小，但是均高于原处理组，说明复萌的紫苏种子可以通过内部机制逐渐解除胁迫，恢复生长。

11.3.2 Na$_2$SO$_4$胁迫对紫苏幼苗生长的影响

Na$_2$SO$_4$胁迫不仅影响紫苏种子的萌发，也影响幼苗的生长。在本次试验中盐胁迫对紫苏幼苗生长的影响分为两种情况：一是在Na$_2$SO$_4$溶液中萌发的紫苏种子生长形成的幼苗，二是在蒸馏水中生长12 d后的紫苏幼苗再用Na$_2$SO$_4$处理。

试验结果显示：在Na$_2$SO$_4$溶液中萌发的紫苏种子形成的幼苗，其主根长、侧根数目、茎长、子叶大小及苗鲜重都与Na$_2$SO$_4$浓度成反比，并且在

Na_2SO_4 浓度为 200 mmol/L 和 250 mmol/L 时，种子只长出了主根，而无侧根形成，茎和子叶的生长完全受到了抑制，说明紫苏幼苗能够抵抗低浓度 Na_2SO_4 胁迫，而高浓度的 Na_2SO_4 严重影响紫苏幼苗的生长。蒸馏水中生长 12 d 后用 Na_2SO_4 处理的紫苏幼苗，随着 Na_2SO_4 浓度的升高可观察到幼苗的茎和叶都出现软化，不能正常的直立生长，根有发黄发褐的现象，且随着浓度的升高这些变化表现得越明显。两种试验情况说明紫苏幼苗对 Na_2SO_4 的抗性要明显低于种子。

植物在盐胁迫环境下，最明显的影响是生长受到抑制，本试验结果表明：紫苏在 Na_2SO_4 胁迫下，种子的发芽率和发芽势都降低，主根、侧根、茎、子叶的生长都受到抑制，苗鲜重减少，且浓度越高，抑制作用越强。

11.3.3 Na_2SO_4 胁迫对紫苏幼苗生理生化特性的影响

植物的生理生化指标同样是研究植物抗盐性的主要内容。紫苏可以通过调节自身体内各生理生化指标的变化，来降低或消除 Na_2SO_4 胁迫对其的不利影响，进行自我保护，并适应胁迫环境。可溶性蛋白质作为植物体内重要的渗透物质之一，直接反映盐胁迫对植物代谢所产生的影响[28]，有研究证明，盐胁迫在低浓度下可以提高野葛种苗中可溶性蛋白的含量，而高浓度可使野葛种苗中可溶性蛋白的含量降低[29]。本试验中，紫苏幼苗可溶性蛋白含量的变化与已有的研究结果基本一致。在 Na_2SO_4 浓度为 100 mmol/L 时，可溶性蛋白含量最高，在 150~250 mmol/L 时，可溶性蛋白含量逐渐降低。低浓度下升高的可溶性蛋白起到保持水分的作用，可以增强紫苏幼苗对 Na_2SO_4 的抗性。

可溶性糖是逆境条件下很多非盐生植物的主要渗透调解剂[30]。可溶性糖能够提供能源物质，维持细胞的渗透压平衡[31]。已有的研究结果显示，金盏菊在盐胁迫下，其可溶性糖含量出现先升后降的趋势[30]，本试验与此结果类似，在 100~150 mmol/L Na_2SO_4 胁迫下，紫苏幼苗中的可溶性糖含量增加，但是当 Na_2SO_4 的浓度超过 200 mmol/L 以后，可溶性糖含量下降，说明紫苏幼苗通过调节可溶性糖含量以维持体内渗透平衡，对 Na_2SO_4 胁迫具有一定的抵抗力。

植物在逆境条件下，通常会发生膜脂过氧化反应，MDA 是膜脂过氧化反应的最终分解产物，MDA 含量的多少可以衡量植物细胞膜的氧化损坏程度[32]。有研究表明，沙打旺幼苗体内的 MDA 含量随着 NaCl 胁迫浓度的增加表现为先增后减[33]。高浓度 NaCl 下膜损伤减轻，是因为 POD 活性增高，保护了细胞膜。本试验中，紫苏幼苗叶片中的 MDA 含量在 Na_2SO_4 浓度为 200 mmol/L 时达到最大，之后下降，可能是体内保护酶如 SOD、POD 含量增多，活性增强，这需要进一步验证。

参考文献

[1] 李怒云，龙怀玉．植树造林与 21 世纪我国盐渍土开发利用的关系 [J]．北京林业大学学报，2000 (3)：99-100．

[2] 乔建明，王洪军，李举文，等．土壤盐碱地现状、改良利用及盐碱治理在新疆农业发展中的意义 [J]．新疆农垦科技，2015，38 (10)：54-56．

[3] 张晓彬，姜文鑫，张琳，等．紫苏的研究进展 [J]．食品研究与开发，2015，36 (7)：140-143．

[4] 乔绍俊，李会珍，张志军，等．盐胁迫对不同基因型紫苏种子萌发，幼苗生长和生理特征的影响 [J]．中国油料作物学报，2009，31 (4)：499-502，508．

[5] 杨森，王仙萍，田世刚，等．不同浓度甲基磺酸乙酯对紫苏种子萌发的影响 [J]．贵州农业科学，2017，45 (8)：83-85．

[6] 包万柱，张园园，王德宝，等．紫苏叶的营养价值及其产品加工研究进展 [J]．农产品加工，2020 (3)：65-69．

[7] 王德宝，包迎春，包万柱．紫苏功能特性及产品加工研究进展 [J]．北方农业学报，2019 (5)：96-99．

[8] 汪李平．长江流域塑料大棚紫苏栽培技术 [J]．长江蔬菜，2020 (6)：28-32．

[9] 张丽娟，杨解顺，殷建忠．富含 α-亚麻酸唇形科植物油的研究进展 [J]．国外医学（医学地理分册），2010，31 (2)：127-129．

[10] 于长青，赵煜，朱刚，等．紫苏油的营养和药用价值研究[J]．中国食物与营养，2007 (8)：47-49．

[11] 张玲．紫苏多种活性成分测定及抗氧化活性初步研究 [D]．天津：天津科技大学，2016．

[12] 薛姣．紫苏迷迭香酸提取工艺及其应用研究 [D]．太原：中北大学，2016．

[13] 何彦康．紫苏中多酚类天然活性成分的结构解析与功能研究

[D]. 上海：华东理工大学，2015.
[14] 代春华，徐志建，沈晓昆，等. 不同品种紫苏种子营养成分的分析 [J]. 中国粮油学报，2015，30（3）：55-58.
[15] 沈奇，徐静，商志伟，等. 紫苏梗中主要营养及药用成分评价 [J]. 中国现代中药，2019，21（7）：920-924.
[16] 郭雪红. 中药紫苏药理及临床研究新进展 [J]. 天津药学，2016，28（2）：70-73.
[17] 蹇黎. Na_2CO_3 对紫苏种子萌发的影响 [J]. 安徽农业科学，2018，46（33）：44-45.
[18] 裴毅，杨雪君，尹熙，等. NaCl 和 $NaHCO_3$ 胁迫对紫苏种子萌发的影响 [J]. 种子，2015，34（9）：11-14，19.
[19] 刘正祥，张华新，杨秀艳，等. 植物对氯化钠和硫酸钠胁迫生理响应研究进展 [J]. 世界林业研究，2015，28（4）：17-23.
[20] 吴飞洋，柳新红，董峰平，等. 光照和土壤对乌桕秋季叶片色素及可溶性糖的影响 [J]. 西南林业大学学报，2019，39（6）：41-48.
[21] 李丹丹，许馨露，翟建云，等. 毛竹笋竹快速生长期可溶性糖质量分数与 *PeTPS1/PeSnRK1* 基因表达分析 [J]. 浙江农林大学学报，2017，34（6）：1016-1023.
[22] 时俊帅，章超，陈双林，等. 覆土控鞭栽培对高节竹鞭根养分和抗性生理特征的影响 [J]. 浙江农林大学学报，2019，36（5）：902-907.
[23] 刘佳月，杜建材，王照兰，等. 紫花苜蓿和黄花苜蓿种子萌发期对 PEG 模拟干旱胁迫的响应 [J]. 中国草地学报，2018，40（3）：27-34，61.
[24] 杨雪君，毛金枫，张雪，等. 盐碱胁迫对红车轴草种子萌发的影响 [J]. 北方园艺，2016（9）：69-74.
[25] 裴毅，张伟，聂江力，等. 盐碱胁迫对知母种子萌发的影响 [J]. 天津农业科学，2016，22（12）：1-5，10.
[26] 李永进，刘玉艳. 盐胁迫对二月兰（*Orychophragmus violaceus*）种子萌发的影响 [J]. 分子植物育种，2017，15（6）：2368-2374.
[27] 王鹏山，慈华聪，田晓明，等. 不同钠盐胁迫对狼尾草种子萌发及幼苗生长的影响 安徽农业科学，2014，42（21）：

7007-7010.

[28] 李赵嘉,左永梅,宋明月,等.盐胁迫对大叶蒲公英生长生理指标及耐盐阈值的影响[J].中药材,2020(7):1560-1564.

[29] 郭坤元,穆森,郭汉玖,等.氯化钠胁迫对野葛种苗生理特性的影响[J].时珍国医国药,2019,30(2):453-455.

[30] 高慧,陈梦玲,朱小燕.不同浓度氯化钠胁迫对金盏菊生长发育的影响[J].北方园艺,2013(24):67-69.

[31] 张宇君,王普昶,赵丽丽,等.巴哈雀稗幼苗对PEG和NaCl持续胁迫的生理应答.分子植物育种,2018,16(23):7839-7848.

[32] 张萌,杨琼博,曹冬煦.卷柏与无芒雀麦抗旱性比较研究[J].中国园艺文摘,2015(1):31-32,172.

[33] 卫士美,陈莉,樊存虎,等.氯化钠胁迫对沙打旺幼苗生化指标的影响[J].浙江农业科学,2017,58(12):2210-2211,2214.

12 不同中性钠盐对紫背天葵幼苗生长和光合特性的影响

紫背天葵（*Begonia fimbristipula* Hance），别名散血子、观音菜，是秋海棠科（Begoniaceae）的草本植物。其茎呈绿色，叶片正反面颜色不同，叶片正面为深绿色，背面呈现紫红色[1]。紫背天葵对土壤的要求不高，其抗性较强，适合其生长的温度范围比较广。

紫背天葵在我国使用久远，最早可以追溯到南北朝时期的医学家雷敩编撰的《雷公炮炙论》[2]。紫背天葵属药膳同源类植物，既可入药，又具有良好的营养保健作用[3]，能增强人体抗寄生虫、抗病毒的能力[4]。其中含有丰富的造血铁蛋白、维他命 A 原、锰元素和黄酮类化合物[5]，具有清热解毒、活血止血、润肺止咳、消炎散瘀、散癌消肿、解毒消肿等作用[6]；它富含黄酮类成分，能起到增加体内维生素 C 含量、减少血管紫癜的作用[7]。紫背天葵的嫩茎叶富含的钙、铁等元素比大白菜、萝卜和瓜类蔬菜高出 20 多倍[8]，食用价值较高。在南方地区，紫背天葵也是一种日常食用的蔬菜。近几年来，许多学者对紫背天葵的研究主要集中在对其组织培养[9]、开发利用[10]、化学成分[5]以及丛枝菌根多样性研究[11]等方面，而对其抗盐能力的研究还鲜见报道。

土壤盐渍化已经成为影响生态和农业的主要问题，中国人口的增加使能耕种的土地资源日渐紧缺，因而开发利用盐碱土这一宝贵的土地资源，对于缓解我国人地矛盾问题具有重要意义[12]。我国盐碱地类型复杂，有的含有 $NaCl$ 和 Na_2SO_4 等中性盐，有的含有 $NaHCO_3$ 和 Na_2CO_3 等碱性盐[13]，盐胁迫可以影响植物的光合作用，使有机物质合成受阻，光合速率下降[14]，严重时植物出现萎蔫，甚至死亡[15]。本研究选择 $NaCl$、Na_2SO_4 以及两种盐混合形成的复合盐对紫背天葵幼苗进行胁迫，分析不同浓度、不同类型钠盐对其生长状况和光合特性的影响，为紫背天葵栽培选择适宜的盐环境提供科学依据。同时通过种植紫背天葵来有效改善盐土区土壤的理化性质，提高土地的利用率。

12.1 材料与方法

12.1.1 供试材料

采购寿光市福庆种业公司种植的紫背天葵幼苗。

12.1.2 试验方法

挑选生长良好、无病虫害的紫背天葵幼苗，冲洗干净后置于烧杯中水培缓苗，待长出 6~8 片新叶后，用盐溶液进行胁迫。

选择 NaCl、Na_2SO_4 单盐、NaCl：Na_2SO_4、（摩尔比 1：1）复合盐三种类型盐对紫背天葵进行胁迫处理。首先将三种盐分别配制成浓度为 0.02 mol/L、0.04 mol/L、0.06 mol/L、0.08 mol/L、0.10 mol/L 的溶液，记为 NaCl：T1~T5，Na_2SO_4：N1~N5，NaCl：Na_2SO_4：K1~K5，分别取上述溶液 150 mL 加入组培瓶中，每个浓度设置 3 个重复，以蒸馏水作为对照（CK），每瓶放 2 株幼苗，共 48 瓶。对每个瓶进行称重，记录每瓶的初始重量，当溶液减少时，称重补充蒸馏水至初始重量，以保持各瓶盐溶液浓度恒定。从处理后第 1 d 起开始观察并记录紫背天葵幼苗的生长状况和形态特征，测定叶绿素含量，共测 5 d。第 5 d 测定紫背天葵幼苗叶片的光合指标。

12.1.3 测定指标及方法

12.1.3.1 形态特征

植株形态特征及耐盐等级标准见表 12-1。

表 12-1 植株耐盐等级与相应形态标准

等级	形态标准
1	叶片舒展、绿色；根系嫩白
2	少数叶片下垂、绿色；根系白色
3	半数以下叶片下垂、边缘卷缩；部分根系发黄
4	半数以上叶片下垂、边缘卷缩、变黄；根系发黑
5	叶片脱落，根系腐烂或植株死亡

12.1.3.2 光合指标测定

使用 SPAD-502Plus 便携式叶绿素测定仪测定叶片叶绿素含量。使用 Yaxin-1102 便携式光合蒸腾仪测定光合指标,包括净光合速率(Pn)、蒸腾速率(Tr)、气孔导度(Gs)、细胞间 CO_2 浓度(Ci)。

12.1.4 数据分析

采用 SPSS 24.0 和 Excel 2016 软件对数据作统计分析。

12.2 结果与分析

12.2.1 不同钠盐对紫背天葵幼苗生长的影响

不同浓度 NaCl、Na_2SO_4 和复合钠盐胁迫下紫背天葵幼苗的生长情况记录见表12-2、表12-3和表12-4。观察分析可知,经三种类型的钠盐胁迫后,都对幼苗生长产生影响,并且盐浓度越高,时间越长,对幼苗的伤害越大。随着盐浓度的升高,相继会出现叶片下垂、边缘卷曲,变黄甚至脱落,根系发黑变软或腐烂等现象。三者的区别在于当盐浓度≤0.04 mol/L 时,复合盐对紫背天葵幼苗的伤害程度为1级或2级,要小于 NaCl 和 Na_2SO_4。

表12-2 不同浓度 NaCl 处理后紫背天葵幼苗形态

处理组	植物形态	等级
CK	叶片舒展,绿色;根系嫩白	1
T1	1~2片叶子轻度下垂、叶片绿色;根系嫩白	1~2
T2	有3~4片叶子下垂、边缘皱缩,根系泛黄	3
T3	接近半数叶片下垂、皱缩,根系变软	4
T4	大部分叶片下垂、边缘卷曲,变黄;根系腐烂	4~5
T5	老叶脱落,根系腐烂	5

表12-3 不同浓度 Na_2SO_4 处理后紫背天葵幼苗形态

处理组	植物形态	等级
CK	叶片舒展，绿色，根系嫩白	1
N1	仅有1~2片叶子轻度下垂、叶色正常，根系白色	2
N2	有3~5片叶子下垂，边缘皱缩，根系白色	2~3
N3	接近半数叶片下垂、皱缩，部分根系泛黄	3
N4	新叶片都下垂、皱缩，变黄；根系发黑	4
N5	老叶脱落，根系变软	5

表12-4 不同浓度复合钠盐处理后紫背天葵幼苗形态

处理组	植物形态	等级
CK	叶片舒展，绿色，根系嫩白	1
K1	叶片绿色，根系白色	1
K2	仅有1~2片叶子轻度下垂，根系白色	1~2
K3	有2~4片叶子下垂、边缘皱缩，部分根系泛黄	3
K4	半数以上叶片下垂、皱缩，变黄；根系发黑	4
K5	老叶脱落，根系变软或腐烂	5

12.2.2 不同钠盐对紫背天葵幼苗叶片 SPAD 值的影响

本试验叶绿素的相对含量是用SPAD值来表示的。不同钠盐对紫背天葵幼苗叶片叶绿素含量的影响见图12-1a、图12-1b、图12-1c。由图12-1a可知，NaCl胁迫处理后，紫背天葵幼苗SPAD值总体呈现下降的趋势，并且随着浓度增加和时间延长，SPAD值下降增多。第5 d时，T1~T5组SPAD值分别比CK组下降了6.7%、12.8%、26.5%、41.7%、49.2%。T1、T2、T3、T4、T5组与CK组间以及T1~T5组相互之间SPAD都有着显著差异（$P<0.05$）（图12-2）。由图12-1b可知，Na_2SO_4处理的紫背天葵幼苗叶片SPAD值，N1~N5各处理组均随着时间增加而总体为下降趋势，但N1、N2、N3、N4组出现了前3 d持续升高，后2 d开始下降，而N5组则是在5 d内持续下降。第5 d时，N1~N5各组SPAD分别比对照降低了6.4%、8.8%、18.7%、40.6%和51.6%。除N1组外，N2、N3、N4、N5与CK组间的SPAD差异显著，而且N1~N5各组间SPAD差异也显著（$P<0.05$）（图12-2）。由图12-1c可知，经复合盐处理的紫背天葵幼苗叶片SPAD值随着胁迫时间的增加总趋势是降低的，但与NaCl和Na_2SO_4两种单盐处理不

同,从第1 d到第5 d,K1和K2组一直高于CK组,K4和K5组一直低于CK组,而K3组从第4 d开始低于CK组,第5 d时,K1和K2组SPAD分别比CK升高7.5%和8.3%,K3、K4和K5组分别比CK组降低了3.2%、17.9%和34%。方差分析结果显示,除K3组外,K1、K2、K4和K5组SPAD均与CK组差异显著($P<0.05$),K1与K2组之间差异不显著,但它们与其他各组差异显著($P<0.05$)(图12-2)。图12-2也显示出三种钠盐相同浓度对紫背天葵幼苗SPAD值影响的差异性,即相同浓度下,NaCl和Na_2SO_4对SPAD值影响不显著,但复合盐对SPAD值影响显著($P<0.05$)。

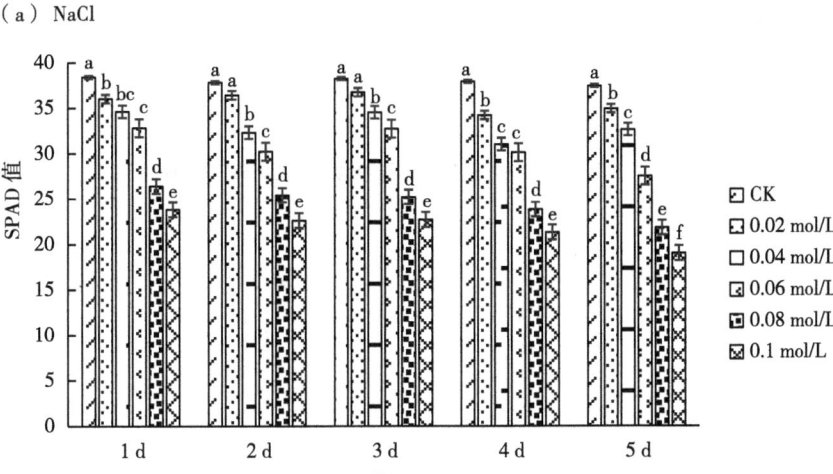

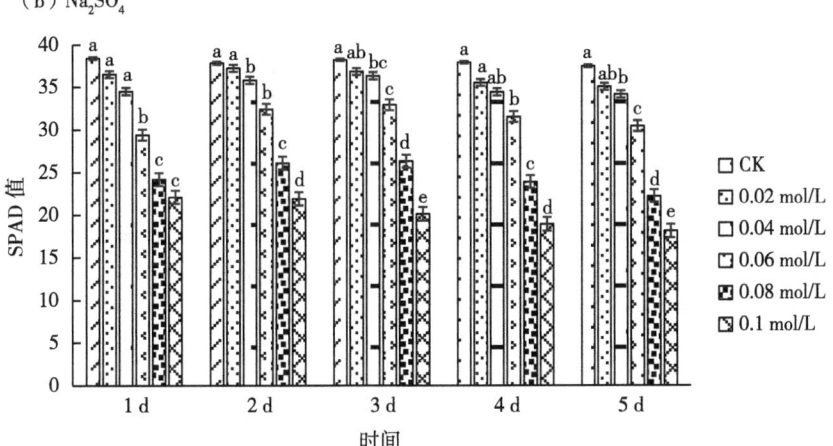

（c）复合盐

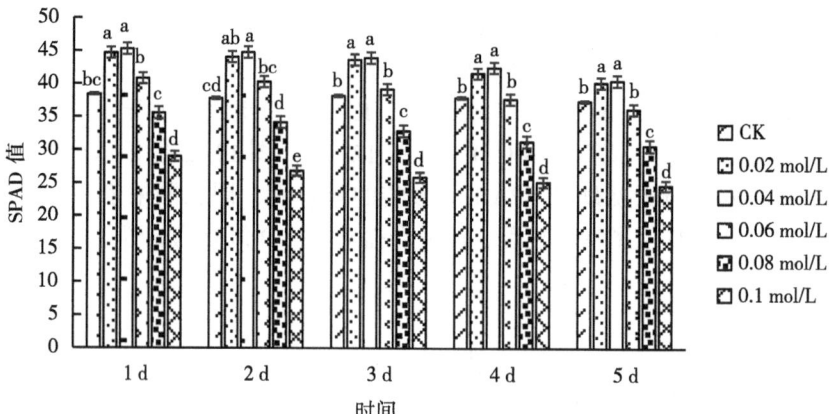

图 12-1　不同钠盐胁迫下紫背天葵幼苗叶片 SPAD 值变化

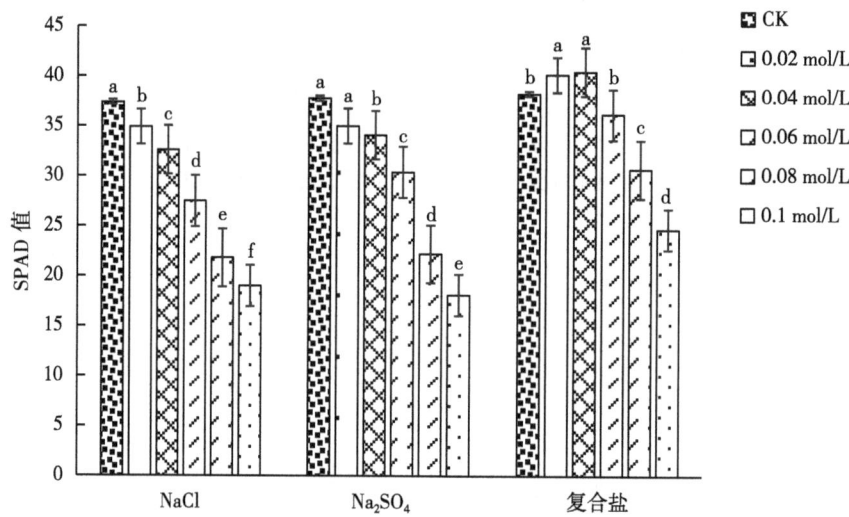

图 12-2　第 5 d 时三种钠盐胁迫下紫背天葵幼苗叶片 SPAD 值比较

注：不同小写字母表示同一盐分不同浓度处理 $P<0.05$ 水平差异显著；不同大写字母表示同一浓度不同盐分处理 $P<0.05$ 水平差异显著。下同。

由图 12-1 可知，紫背天葵幼苗经 $NaCl$、Na_2SO_4 及复合盐处理后，叶片 SPAD 值变化趋势有差异。随着 $NaCl$ 和 Na_2SO_4 浓度的升高，SPAD 值均呈下降趋势，NaCl 处理 T1～T5 组分别比 CK 降低 6.7%、12.8%、26.5%、41.7%和49.2%，且各组与 CK 之间均差异显著（$P<0.05$）。Na_2SO_4 处理 N1～N5 组分别比 CK 降低 7.4%、9.8%、19.6%、41.3%和52.1%，除 N1 组外，其余组与 CK 之间均差异显著（$P<0.05$）。随着复合盐浓度升高，SPAD 值呈先升后降趋势，K3 组达到最大。K1～K5 组均与 CK 差异显著（$P<0.05$）。相比之下，在盐浓度相同时，K1～K5 组的 SPAD 值都高于 T1～T5 组和 N1～N5 组。说明复合盐对紫背天葵幼苗叶绿素含量的影响要小于 Na_2SO_4 和 NaCl 两种单盐。

12.2.3 不同钠盐对紫背天葵幼苗叶片光合指标的影响

12.2.3.1 Pn

钠盐胁迫影响到紫背天葵幼苗的光合作用，不同浓度 NaCl、Na_2SO_4 及复合盐胁迫下叶片 Pn 比较如图 12-3 所示。随着 NaCl 和 Na_2SO_4 浓度的升高，Pn 依次递减，T1～T5 组分别比 CK 减少了 7.1%、17.8%、21.4%、50%和75%。N1～N5 组分别比 CK 减少了 71%、78.9%、85%、88.6%和91.4%。说明，相同浓度下，NaCl 对叶片 Pn 的抑制作用比 Na_2SO_4 小。复合盐随着其浓度升高，Pn 值先升高后降低，K2 组达到最大，为 10.49 μmol/（m^2·s），K5 组最小，为 1.33 μmol/（m^2·s）。方差分析结果显示：同类钠盐中，NaCl 各浓度除 T1 组外，T2～T5 组与 CK 组的 Pn 均有显著差异（$P<0.05$）；Na_2SO_4 各浓度 N1～N5 组与 CK 组 Pn 均存在显著差异（$P<0.05$），复合盐各浓度 K1～K5 组与 CK 组 Pn 均差异显著（$P<0.05$）。三种不同钠盐同一浓度之间 Pn 均有显著差异。以上分析得出：复合盐胁迫能显著增加紫背天葵幼苗 Pn，而 NaCl 和 Na_2SO_4 则使 Pn 显著降低，并且浓度越高，降幅越大，同时 Na_2SO_4 的作用要强于 NaCl。

12.2.3.2 Tr

不同钠盐对紫背天葵幼苗 Tr 的影响见图 12-4。由图 12-4 可知，不同浓度 NaCl、Na_2SO_4 和复合盐胁迫下，叶片 Tr 均呈降低趋势，T1～T5 组的 Tr 依次为 0.67 mmol/（m^2·s）、0.63 mmol/（m^2·s）、0.59 mmol/（m^2·s）、0.46 mmol/（m^2·s）、0.26 mmol/（m^2·s），分别比 CK 减少了 10.7%、16%、21.3%、38.7%和65.3%。N1～N5 组的 Tr 依次为 0.53 mmol/（m^2·s）、0.5 mmol/（m^2·s）、0.4 mmol/（m^2·s）、0.27 mmol/（m^2·s）、0.2 mmol/（m^2·s），分别比 CK 减少了 39.3%、33.3%、

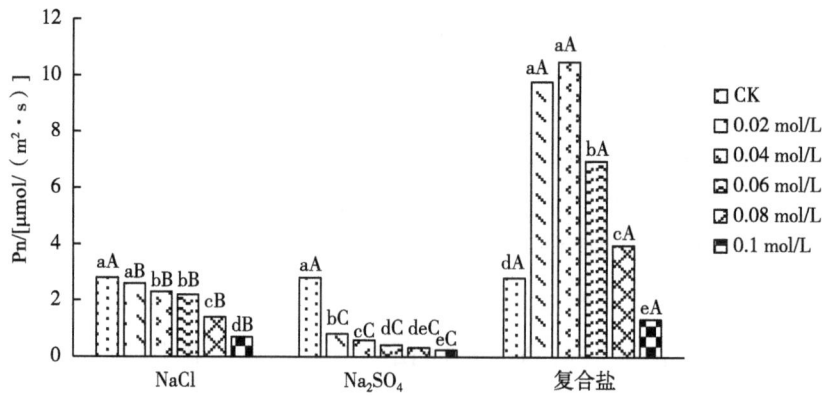

图 12-3　三种钠盐胁迫下紫背天葵幼苗叶片 **Pn** 值比较

46.7%、68.6%和73.3%。K1~K5 组的 Tr 依次为 0.61 mmol/（m²·s）、0.6 mmol/（m²·s）、0.5 mmol/（m²·s）、0.43 mmol/（m²·s）、0.38 mmol/（m²·s），分别比 CK 降低了 18.7%、20%、34.3%、42.7%和49%。上述结果说明，相同浓度下，Na_2SO_4 使 Tr 的降幅最大。方差分析表明，相同浓度下，NaCl 和复合盐对 Tr 的影响不显著，Na_2SO_4 对 Tr 影响显著（$P<0.05$）。

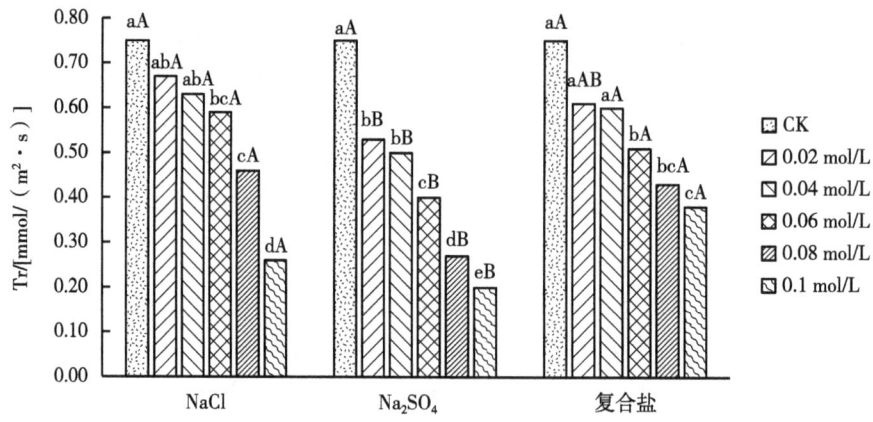

图 12-4　三种钠盐胁迫下紫背天葵幼苗叶片 **Tr** 值比较

12.2.3.3 Gs

由图 12-5 可知，不同浓度 $NaCl$、Na_2SO_4 和复合盐胁迫下，紫背天葵幼苗叶片 Gs 均呈降低趋势，T1~T5 组的 Gs 在 10.3~28.5 mmol/($m^2 \cdot s$)，它们分别比 CK 减少了 12%、20.7%、24.7%、50% 和 68.2%。N1~N5 组的 Gs 在 0.2~0.53 mmol/($m^2 \cdot s$)，分别比 CK 减少了 9.6%、31.2%、43.5%、53.7% 和 63.3%。K1~K5 组的 Gs 在 8.6~19.95，分别比 CK 减少了 38.4%、38.6%、43.2%、58.9% 和 73.5%。方差分析显示，T1~T5、N1~N5、K1~K5 组的 Gs 均与 CK 差异显著（$P<0.05$），同一钠盐不同浓度之间，NaCl 除 T2 与 T3 组外，其余各组间 Gs 差异显著（$P<0.05$），Na_2SO_4 N1~N5 各组间 Gs 差异均显著，复合盐 K1、K2、K3 之间 Gs 差异不显著，但它们与 K4、K5 则有显著差异（$P<0.05$）。不同钠盐同一浓度比较得出，NaCl 和 Na_2SO_4 对 Gs 的影响不显著，复合盐对 Gs 的影响显著（$P<0.05$）。

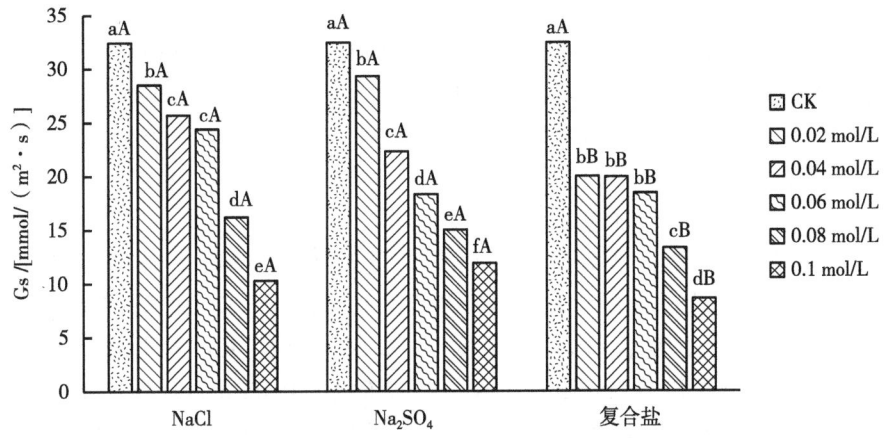

图 12-5 三种钠盐胁迫下紫背天葵幼苗叶片 Gs 值比较

12.2.3.4 Ci

由图 12-6 知，经不同浓度 NaCl 处理下紫背天葵幼苗 Ci 呈现先下降后上升的趋势，当浓度为 0.06 mol/L 时，达到最低。Ci 值 381~423 μmol/($m^2 \cdot s$)，T1~T3 组依次比 CK 组降低了 4.5%、8.1%、15.7%，T4、T5 组依次比 CK 组升高了 5%、11%。T1~T5 各组与 CK 组间均存在着显著差异（$P<0.05$）。说明低、中、高浓度 NaCl 都对紫背天葵幼苗的 Ci 有显著影响。同时，5 个不同浓度组间相互进行比较，除 T1 与 T2 组之间外，其他各组间均对紫背天葵 Ci 值影响显著

（$P<0.05$），表明高浓度的 NaCl 可显著提高 Ci。

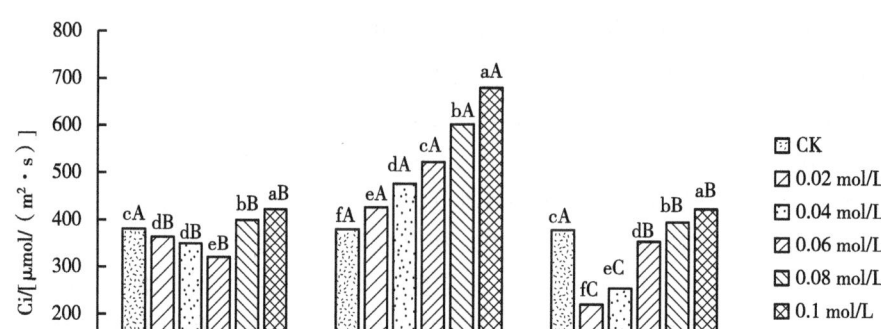

图 12-6　三种钠盐胁迫下紫背天葵幼苗叶片 Ci 值比较

经不同浓度 Na_2SO_4 处理下紫背天葵幼苗 Ci 呈持续上升趋势，变化范围为：381~682 μmol/(m^2·s)，N1~N5 组分别比 CK 组增加了 12.3%、25.4%、37.5%、58.5%和 78.5%。并且各组与 CK 之间以及各组之间均有明显差异（$P<0.05$），说明 Na_2SO_4 胁迫能显著影响紫背天葵幼苗的 Ci，并且浓度越高，使 Ci 增加越多。

经不同浓度复合盐处理的紫背天葵幼苗 Ci 呈持续上升趋势，但与 Na_2SO_4 处理不同的是 K1、K2、K3 组低于 CK 组，而 K4 和 K5 组高于 CK 组。相同浓度下，复合盐 Ci 值都低于 Na_2SO_4。K1~K5 各组间差异显著（$P<0.05$）。三种钠盐同一浓度比较，在盐浓度为 0.02 mol/L 和 0.04 mol/L 时，NaCl、Na_2SO_4 及复合盐对紫背天葵幼苗叶片 Ci 影响显著（$P<0.05$），在 0.06 mol/L、0.08 mol/L 和 0.10 mol/L 时，NaCl 和复合盐之间的 Ci 无显著差异，而它们与 Na_2SO_4 之间则差异显著（$P<0.05$）。

12.3　结论与讨论

植物对盐胁迫最敏感的表现是生长受到抑制，出现生长缓慢和形态上的改变。紫背天葵幼苗在 NaCl、Na_2SO_4 和复合钠盐胁迫下，叶片和根系都发生了形态变化。随着盐浓度的升高和处理时间的延长，相继出现了叶片下垂、边缘卷曲，变黄甚至脱落，根系发黑变软或腐烂等现象。说明三种钠盐都对紫背天葵幼苗造成伤害，并且浓度越高，伤害越大。但是当盐浓度≤0.04 mol/L时，复合盐对紫背天葵幼苗的伤害程度要小于NaCl和Na_2SO_4两种单盐，说明在低浓度下，紫背天葵对复合盐的抗性要高于NaCl和Na_2SO_4。

叶绿素是光合作用中最重要的色素分子，起着光能的吸收和转换的作用[16]，盐胁迫下，盐离子浓度升高，抑制了叶绿素的合成，叶绿素的含量下降[16]。本试验表明，在不同浓度的NaCl和Na_2SO_4处理下，紫背天葵幼苗叶片中的叶绿素含量呈现下降的趋势。王丹等[17]和谢德意等[18]的研究的结果显示，甘草和棉花叶片分别受到盐胁迫时，叶绿素含量都下降，与本研究结果相一致，主要原因是在逆境胁迫下叶绿素酶的活性提高，促进叶绿素降解，最终造成叶绿素含量下降。在不同浓度复合盐处理下，紫背天葵幼苗叶片中的叶绿素含量表现为先升后降。说明紫背天葵幼苗能够通过自身代谢调节应对低浓度下（<0.04 mol/L）的复合盐，而在高浓度或长时间胁迫下，叶绿素酶活性会增强，从而加速叶绿素分解[19]。

光合作用是植物有机物质的主要来源，盐胁迫会影响植物的光合作用，体现在Pn、Tr、Gs、和Ci等光合指标的变化上[20]。三种钠盐都显著影响紫背天葵幼苗叶片的Pn值，不同浓度的NaCl、Na_2SO_4处理后，叶片Pn值随浓度升高而降低，而且相同浓度下，Na_2SO_4处理Pn降幅明显高于NaCl。这与徐心志等[21]的研究盐胁迫对谷子幼苗光合特性影响的结果一致。复合盐则使Pn先升高后降低。但在相同浓度下，复合盐处理后的Pn值都高于NaCl和Na_2SO_4，说明紫背天葵对复合盐的抗性明显高于NaCl和Na_2SO_4。

气孔是植物叶片与外界环境进行气体交换的大门，O_2、CO_2和水蒸气通过气孔扩散出入叶片，Gs表示气孔的开放程度，大小取决于自身条件和环境因素，它直接影响光合作用、呼吸作用和蒸腾作用[22]。孟诗原等[23]研究表明，不同盐浓度处理下西南卫矛Pn、Tr、Gs显著降低。本试验中，不同浓度NaCl、Na_2SO_4及复合盐胁迫均导致紫背天葵幼苗叶片的Tr和Gs下降，Na_2SO_4对Tr的影响程度要明显高于NaCl和复合盐，说明Na_2SO_4胁迫造成了紫背天葵根系吸水更困难，进而通过减少蒸腾失水，以保证其正常生长。复合盐对Gs的降幅明显高于Na_2SO_4和NaCl两种单盐。

Ci与植物的光合作用直接相关，盐胁迫下植物可以调节气孔开度来保证CO_2的供应，使光合作用正常进行。Na_2SO_4处理后紫背天葵幼苗叶片的Ci上升，但Gs是下降的，说明Pn降低是因叶肉细胞光合能力降低所致[24]。NaCl处理则引起Ci先降低后升高，同时Gs下降，说明Pn的降低在浓度≤0.06 mol/L条件下是由气孔因素决定的，在浓度>0.06 mol/L条件下是由叶肉细胞光合能力下降导致的。但复合盐处理后，Ci 升高，在浓度 ≤ 0.04 mol/L 时，Pn 增加是由于叶肉细胞光合能力增强，而在浓度 > 0.04 mol/L 后，Pn 降低是由于叶肉细胞受到伤害，光合能力下降[25]，因为复合盐处理后叶片气孔开度持续在减小，所以不是气孔因素引起的光合效率的变化。综上所述，紫背天葵幼苗对不同的钠盐胁迫有不同的应对机制，来保证光合作用正常进行。相比较而言，紫背天葵在复合盐胁迫下光合能力更强，其耐受性要大于 Na_2SO_4 和 NaCl 两种单盐。

参考文献

[1] 韩维栋，王秀丽．紫背菜的食用价值及其开发利用前景 [J]．中国野生植物资源，2012，31（5）：52-56.

[2] 田茂军，李煜，王毅红．《雷公炮炙论》中蛇床子炮制工艺优选 [J]．山东化工，2020，49（24）：56-58.

[3] 张林和，屠春燕，于文涛，等．紫背天葵中营养成分及总黄酮分析 [J]．氨基酸和生物资源，2004（3）：3-5.

[4] 任锦．光质和 CO_2 浓度对紫背天葵生长及其抗氧化成分合成的影响 [D]．西安：西北工业大学，2015.

[5] 李乃明，陈光浩，吴海珊，等．紫背天葵化学成分的分析 [J]．广州医学院学报，1993（1）：62-64.

[6] 郭海龙，于海培，任领兵．保健佳品紫背天葵的营养与栽培 [J]．现代农业，2005（12）：22.

[7] 张文展，刘定荣，马金莲，等．紫背天葵的研究进展及其在航天食品上的应用 [J]．食品工业，2019，40（4）：260-262.

[8] 张少平，邱珊莲，邓源，等．紫背天葵花青素相关研究与应用 [J]．中国农学通报，2015，31（22）：157-162.

[9] 程维舜，蔡翔，祝菊红，等．紫背天葵组织培养与快繁技术研究进展 [J]．长江蔬菜，2019（24）：43-45.

[10] 王彦平，杨庆莹，汤高奇，等．紫背天葵营养成分、保健功能及开发利用研究进展 [J]．食品研究与开发，2017，38（13）：213-216.

[11] 苏洋，刘璐冰，蔡欣哲，等．紫背天葵丛枝菌根真菌多样性研究 [J]．林业与环境科学，2018，34（6）：8-14.

[12] 丁海荣,洪立洲,王茂文,等.盐土农业及研究进展[J].安徽农业科学,2011,39(34):21024-21025.

[13] 夏礼如,钱春桃.复合钠盐胁迫对黄瓜幼苗生长及生理特性的影响[J].江苏农业学报,2013,29(1):147-150.

[14] 赵霞,叶林.盐碱胁迫对紫花苜蓿生长、品质及光合特性的影响[J].江苏农业科学,2017,45(21):176-180.

[15] 张广波,王震,刘粉粉,等.NaCl胁迫对信阳五月鲜桃生长和光合特性的影响[J].江苏农业科学,2021,49(17):145-149.

[16] 安飞飞,简纯平,杨龙,等.木薯幼苗叶绿素含量及光合特性对盐胁迫的响应[J].江苏农业学报,2015,31(3):500-504.

[17] 王丹,万春阳,侯俊玲,等.盐胁迫对甘草叶片光合色素含量和光合生理特性的影响[J].热带作物学报,2014,35(5):957-961.

[18] 谢德意,王惠萍,王付欣,等.盐胁迫对棉花种子萌发及幼苗生长的影响[J].中国棉花,2000(9):12-13.

[19] 韩浩章,王晓立,张颖,等.盐胁迫对秋季香樟幼苗抗氧化酶系统和光合特性的影响[J].浙江农业学报,2014,26(5):1235-1239.

[20] ASHRAF M, HARRIS P J C. Photosynthesis under stressful environments: an overview [J]. Photosynthetica, 2013, 51(2): 163-190.

[21] 徐心志,代小冬,杨育峰,等.盐胁迫对谷子幼苗生长及光合特性的影响[J].河南农业科学,2016,45(10):24-28.

[22] 孙贵佳,杨艳,刘西典,等.Na_2CO_3和NaCl胁迫对珙桐叶片光合特性影响的比较[J].西南师范大学学报(自然科学版),2014,39(11):66-70.

[23] 孟诗原,王倩,韦业,等.盐胁迫对西南卫矛生长及光合特性的影响[J].山东大学学报(理学版),2019,54(7):26-34.

[24] 燕丽萍,吴德军,王因花,等.4种白蜡的耐盐性响应特征与综合评价[J].西北植物学报,2019,39(7):1270-1278.

[25] 张会慧,张秀丽,李鑫,等.NaCl和Na_2CO_3胁迫对桑树幼苗生长和光合特性的影响[J].应用生态学报,2012,23(3):625-631.

13　NaCl 胁迫对锦灯笼种子萌发和幼苗生理特征的影响

锦灯笼（*Physalis alkekengi* L. var. *Franchetii*）为茄科（Solanaceae）酸浆属（*Physalis*）的宿萼或带果实的宿萼[1]，表面呈橙黄色灯笼状，又称灯笼草，多年生草本植物。锦灯笼植株适应性很强，耐寒，耐热，喜凉爽和湿润气候，在 3~42 ℃ 的温度范围内均能正常生长，对种植所需土壤要求不严格，我国大部分地区有分布。锦灯笼不仅可以药用还可作为蔬果食用，其药用的部位通常是其宿萼或带宿萼的果实，具有清热解毒、利咽化痰、利尿通淋等作用，主要用于咽痛音哑、痰热咳嗽等症状，是常用的清热解毒药[2]。锦灯笼因其含有丰富的维生素、多种矿质元素如钾、镁、磷、钙、铜、铁、锰等、蛋白质、脂肪、碳水化合物、粗纤维等[3]，因此常作为蔬果长期食用。

近年来关于锦灯笼的研究集中在其化学成分的提取及工艺优化[4,5]、主要活性成分的药理作用和分子机制的研究[2,6]等方面，其主要成分在抗肿瘤、抗炎、抗菌、抗氧化等方面具有显著特征，且其产生作用的分子机制也随着越来越多的相关研究而广受关注[7]。

土壤盐渍化一直是国内外关注的重要生态环境问题，对农业的可持续发展影响巨大，据估计，全球约有 20% 的耕地受到盐害的威胁[8]。我国的盐渍化土地面积大，分布广，其主要分布于西北、华北和沿海地区，类型多[9]，是当前我国经济发展所面临的重大生态问题[10]。目前，我国约有 80% 左右的盐碱地尚未得到有效的开发利用，有着巨大开发潜力[11]。作物种植面积约 1/10 土地是盐碱化土壤[12]，严重制约着作物的产量。改良和利用盐碱地需要选育和推广耐盐植物，目前国内外研究锦灯笼耐盐性还未见报道，本试验以不同浓度的 NaCl 处理锦灯笼种子，研究 NaCl 胁迫下种子的发芽状况和幼苗生理生化特性的变化，分析其抗盐特性，为改良盐碱地，提升土壤肥力水平，在干旱地区大面积盐碱土上人工种植锦灯笼提供科学依据。

13.1 材料与方法

13.1.1 试验材料

市购锦灯笼种子。挑选饱满、均匀的为试验种子。

13.1.2 试验方法

13.1.2.1 种子处理

将种子温水浸泡 10~12 h，让种子能充分吸水，浸种结束后，捞出，备用。

13.1.2.2 种子培养

以 20 mmol/L、40 mmol/L、60 mmol/L、80 mmol/L、100 mmol/L、120 mmol/L 的 NaCl 溶液分别对锦灯笼种子培养，并以自来水为对照，在发芽盒中进行萌发，每个浓度设置 3 个重复。在洁净的发芽盒中铺置两层预先消毒过的纱布，将锦灯笼种子整齐摆放在发芽盒中，每个发芽盒 50 粒，分别加不同浓度的 NaCl 溶液淹没至种子的 1/2 处，之后放置于 25 ℃、无光的人工气候箱中，待种子基本萌发后，重新设置人工气候箱为光暗周期分别为 14 h 和 10 h，昼夜温度为 28 ℃ 和 20 ℃，相对湿度为60%。每天观察种子发芽情况及生长状况，发芽盒内的种子每隔 2~3 d 需移至上述处理的新发芽盒中，防止盐分积累对种子生长造成影响，如若种子成苗不方便转移，需每隔 5 d 更换 NaCl 溶液。更换溶液方法为：将发芽盒内全部溶液小心倒出至无溶液成滴滴出，加入等量各浓度溶液至刚好浸湿纱布。

13.1.2.3 记录

种子萌发的标志以露出白色的胚芽为准，当有种子露出胚芽且长度与种子直径相当时，此为种子萌发开始的时间，连续 3 d 不再有种子露出胚芽，则视为该处理种子萌发结束时间。自种子萌发开始，每天记录种子发芽数，记录至发芽期结束。发芽后第 5 d 开始测定幼苗的株高（茎基部到生长点），不同的处理组分别取 5 株幼苗测量。生长 18 d 后测定各项生理指标。

13.1.3 指标计算及测定方法

发芽率（GP）= 末次计数时发芽种子数/播种种子数×100%[13]；

发芽势（GE）=初次计数时发芽种子数/播种种子数×100%[13]；

相对发芽率（RGP）=盐处理发芽率/对照发芽率×100%[14]；

相对伤害率（RHP）=（对照发芽率-各处理发芽率）/对照发芽率×100%[15]；

丙二醛（MDA）含量及可溶性糖含量：硫代巴比妥酸比色法[16]；

过氧化物酶（POD）活性：愈创木酚法[16]。

13.1.4 数据分析

用SPSS 20.0和Excel 2016软件进行试验数据分析。

13.2 结果与分析

13.2.1 锦灯笼种子在NaCl胁迫下的萌发情况

表13-1表明，NaCl溶液浓度升高，锦灯笼种子的发芽率下降。对照组发芽率为79.4%，20 mmol/L NaCl浓度时为70.7%，比对照组下降8.7%，两者不存在显著差异（$P>0.05$）；40 mmol/L时为55.4%，下降了24.0%，与对照组之间具有显著差异（$P<0.05$）；后四组NaCl处理，发芽率分别为30.10%、19.38%、13.37%、4%，发芽率分别降至对照组的37.9%、24.4%、16.8%、5%，均与对照组存在极显著性差异（$P<0.01$）。说明低浓度NaCl对锦灯笼种子萌发抑制作用不明显，随着浓度的升高，抑制作用增强。

发芽势是指种子发芽初期（规定日期内）正常种子发芽数占供试种子数的百分数，发芽势高则表示种子活力高，发芽整齐，出苗一致，增产潜力大[17]。

表13-1中，NaCl浓度升高，锦灯笼种子的发芽势和相对发芽率均下降，浓度为20 mmol/L时，发芽势最高，为90.70%，比对照组高5.31%，但二者不存在显著性差异（$P>0.05$）；其他五个浓度下发芽势分别为79.34%、56.7%、28.73%、27.37%和6%，与对照组相比分别下降了6.05%、28.69%、56.66%、58.02%和70.39%。除40 mmol/L组与对照组无显著差异外，其余四组与对照组均有极显著差异（$P<0.01$）。后五个NaCl浓度处理组，相对发芽率相对应为70.2%、38.3%、22.2%、16.6%、5.1%，跟对照组相比分别下降了29.8%、61.7%、77.7%、83.4%、

94.9%，均与对照存在极显著差异（$P<0.01$）。说明 NaCl 浓度越高，发芽势和相对发芽率下降越快。

锦灯笼的相对伤害率随 NaCl 溶液浓度的增加呈上升趋势。在 NaCl 溶液浓度为 20 mmol/L、40 mmol/L 处理下，相对伤害率为 3.77%、7.05%，分别比对照组上升了 3.77%、7.05%，不存在显著差异（$P>0.05$），说明了浓度低于 40 mmol/L 时，盐胁迫对锦灯笼种子萌发产生的盐害作用较小；与对照组相比，在 60 mmol/L NaCl 浓度时，相对伤害率平均为 33.23%，上升了 33.31%，存在极显著性差异（$P<0.01$），表明此浓度处理下，对锦灯笼种子萌发产生的盐害作用增大；锦灯笼种子在 120 mmol/L NaCl 浓度胁迫下相对伤害率达最大值，为 97.65%。

表 13-1 NaCl 胁迫下锦灯笼种子发芽指标

NaCl 浓度/(mmol/L)	发芽率/%	发芽势/%	相对发芽率/%	相对伤害率/%
0	79.33±0.07aA	85.33±0.06aA	100±0aA	0±0dD
20	70.67±0.07abA	90.66±0.04aA	89.02±0.04aAB	3.73±0.04dD
40	55.33±0.04bAB	79.33±0.01aA	70.17±0.05bB	7.04±0.01dD
60	30±0.10cBC	56.66±0.04bB	38.16±0.12cC	33.23±0.09cC
80	19.33±0.05cdC	28.66±0.07cC	22.18±0.05cdCD	66.58±0.02bB
100	13.33±0.04cdC	27.33±0.04cC	16.54±0.03dCD	84.65±0.03aAB
120	4.00±0dC	6.00±0dD	5.11±0.01dD	97.64±0.01aA

注：数据以平均值±标准误表示，表中同列小写字母表示 0.05 水平上差异显著、大写字母表示 0.01 水平上差异显著。

13.2.2　NaCl 胁迫对锦灯笼幼苗株高的影响

图 13-1 表明，随着 NaCl 溶液浓度的升高，锦灯笼呈现种子萌发时间延迟且幼苗平均株高逐渐降低的趋势。对照组的平均株高和各浓度 NaCl 处理组相比为最高，达 3.93 cm，NaCl 溶液浓度为 20 mmol/L、40 mmol/L、60 mmol/L、80 mmol/L、100 mmol/L、120 mmol/L 时，平均株高最高时分别为 3.27 cm、1.94 cm、1.27 cm、0.58 cm、0.3 cm、0.2 cm，经方差分析，对照组与各 NaCl 溶液处理组均存在差异显著（$P<0.05$）。

自种子出芽第 5 d 开始测量株高至第 13 d 期间，40 mmol/L NaCl 溶液处理的锦灯笼幼苗株高略高于 20 mmol/L 浓度下的幼苗株高，平均高出

0.12 cm；第 13 d 之后幼苗继续生长，20 mmol/L NaCl 溶液处理的幼苗株高明显高于 40 mmol/L 时的幼苗株高，平均高 0.64 cm。从图 13-1 中可见，第 13~18 d，80 mmol/L、100 mmol/L、120 mmol/L NaCl 溶液处理的幼苗株高增长缓慢。这说明生长初期短时间内，低浓度 NaCl 对锦灯笼幼苗生长没有明显的抑制作用，只有当浓度升高且至生长加速时，才对幼苗产生明显抑制作用。

方差分析结果显示：除 20 mmol/L 与 40 mmol/L NaCl 处理的锦灯笼幼苗株高不存在显著差异（$P>0.05$）外，其他各组间均达到显著差异，且 100 mmol/L 与 120 mmol/L NaCl 溶液处理下的幼苗平均株高极显著低于对照组（$P<0.01$），说明锦灯笼的幼苗能够耐受低浓度的 NaCl 胁迫，经观察发现，100 mmol/L 与 120 mmol/L NaCl 处理下部分幼苗叶片近顶端处发黄，出现萎蔫现象，说明高浓度 NaCl 使锦灯笼幼苗生长受到严重抑制，甚至伤害。

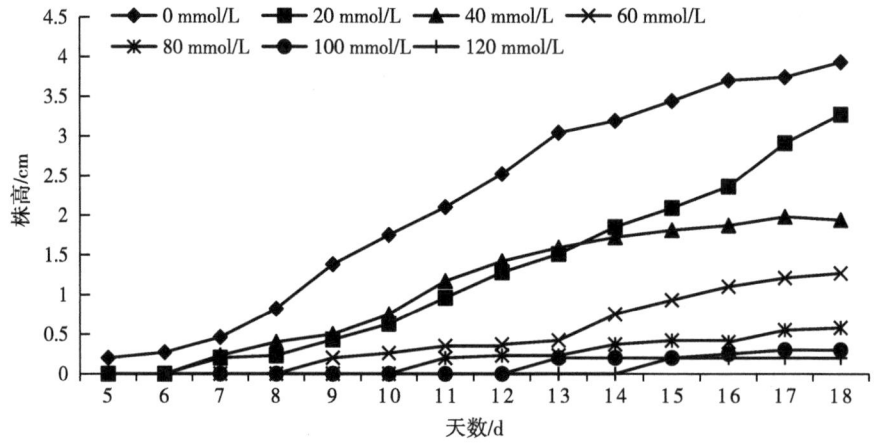

图 13-1　NaCl 胁迫下锦灯笼幼苗的株高

13.2.3　NaCl 胁迫下锦灯笼幼苗丙二醛含量

植物器官或组织受到逆境胁迫后，因膜脂过氧化作用产生了丙二醛，其含量多少是衡量植物在逆境压力下的细胞膜系统被伤害程度和对不良条件反应强弱的重要指标[18]。由图 13-2 可知，不同浓度 NaCl 锦灯笼幼苗丙二醛含量不同，与对照组比，随着 NaCl 浓度增加，丙二醛含量呈先下降后上升的趋势。对照组的丙二醛含量为 1.991 9 nmol/g，NaCl 溶液浓度 20～120 mmol/L 各处理组的丙二醛平均含量分别为 1.681 nmol/L、2.037 nmol/L、

2.107 nmol/L、2.432 nmol/L、2.477 nmol/L、2.570 nmol/L，分别是对照组的 0.84 倍、1.02 倍、1.06 倍、1.22 倍、1.24 倍、1.29 倍。丙二醛含量在浓度为 20 mmol/L NaCl 溶液处理下为最小值，较对照下降了 0.31 nmol/g，与对照组之间不存在显著差异（$P>0.05$）；NaCl 溶液浓度继续升高，丙二醛含量逐渐增加，至 120 mmol/L 时达到最大值，且各组之间及与对照组之间均存在显著性差异（$P<0.05$）。结果说明，较低浓度的 NaCl 对细胞膜的伤害较小，而高浓度则较大，也就是说锦灯笼幼苗可以耐受低浓度的 NaCl 胁迫而使膜系统不至受害。

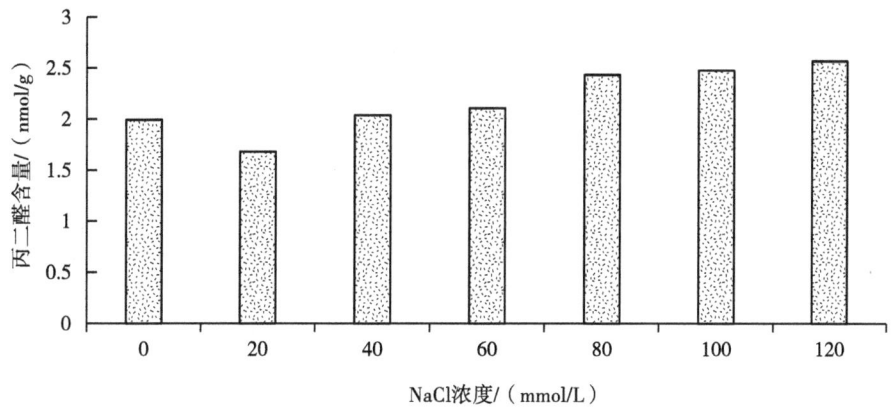

图 13-2　NaCl 胁迫下锦灯笼幼苗丙二醛含量

13.2.4　NaCl 胁迫下锦灯笼幼苗可溶性糖含量

可溶性糖是锦灯笼的主要渗透调节剂之一，也是该植株合成有机溶质的碳架保护和能量来源，对其细胞膜和原生质胶体具有稳定作用，在细胞内无机离子浓度高时起着保护的作用[19]。从图 13-3 看出，NaCl 溶液浓度增加，锦灯笼幼苗中可溶性糖的含量整体呈上升的趋势。20~80 mmol/L 前四个 NaCl 浓度下，可溶性糖含量分别为 5.37 μmol/g、5.98 μmol/g、6.75 μmol/g、7.03 μmol/g，为对照组的 1.30 倍、1.44 倍、1.62 倍、1.69 倍，跟对照组间均无显著性差异（$P>0.05$）；在 NaCl 溶液浓度为 100 mmol/L 和 120 mmol/L 时，可溶性糖含量是对照组的 2.94 倍和 1.97 倍，与对照组间存在着显著性差异（$P<0.05$）。前四组 NaCl 处理间相互不存在显著差异（$P>0.05$），但前四组 NaCl 处理与后两组 NaCl 处理之间存在显著性差异（$P<0.05$）。

图 13-3 中，在 NaCl 浓度 100 mmol/L 时，幼苗可溶性糖含量明显增加，且达到最高，这是细胞提高渗透压，抵御盐碱环境对其的伤害做出的一种反应，说明此浓度下植株抗盐能力升高；在 120 mmol/L NaCl 时可溶性糖含量有所下降，说明细胞维持这种高渗透压的能力具有一定限度，超过一定浓度，细胞的渗透调节能力减弱，导致产生的可溶性糖含量减少。试验观察发现，120 mmol/L NaCl 处理组幼苗出现萎蔫现象。

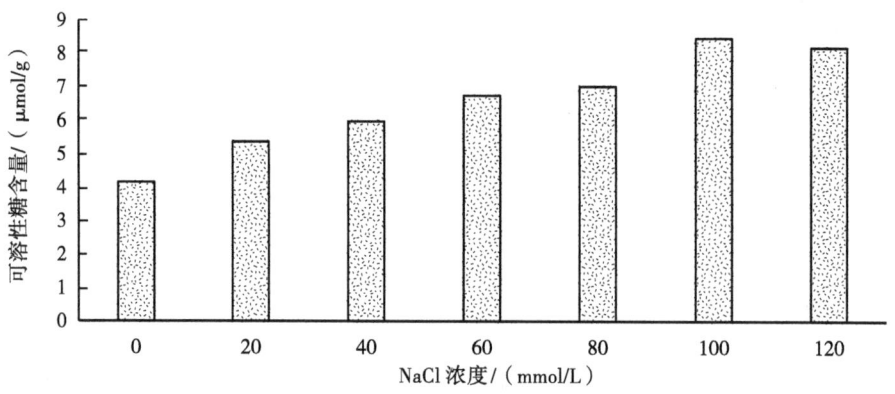

图 13-3 NaCl 胁迫下锦灯笼幼苗可溶性糖含量

13.2.5 NaCl 胁迫下锦灯笼幼苗过氧化物酶活性

由图 13-4 可知，随着 NaCl 溶液浓度的增大，锦灯笼幼苗的 POD 活性整体呈先上升后下降的趋势。对照组的 POD 活性为 0.059 U/(min·mg)，各组不同的 NaCl 浓度下 POD 活性分别为 0.066 U/(min·mg)、0.079 U/(min·mg)、0.090 U/(min·mg)、0.107 U/(min·mg)、0.091 U/(min·mg)、0.071 U/(min·mg)，分别是对照组的 1.12 倍、1.34 倍、1.53 倍、1.81 倍、1.54 倍、1.20 倍。在 80 mmol/L NaCl 时 POD 活性达到最大值，相对于对照组显著升高了 80.85%，与对照组之间存在显著性差异（$P<0.05$），在 100 mmol/L NaCl 时，POD 活性比 80 mmol/L NaCl 下降 0.076 U/(min·mg)，但仍高于对照组。可见，锦灯笼幼苗在一定浓度的 NaCl 胁迫下，可通过提高 POD 活性来清除细胞内的活性氧物质，但过高的浓度会使这种清除机制遭到破坏，从而幼苗中的 POD 活性下降。

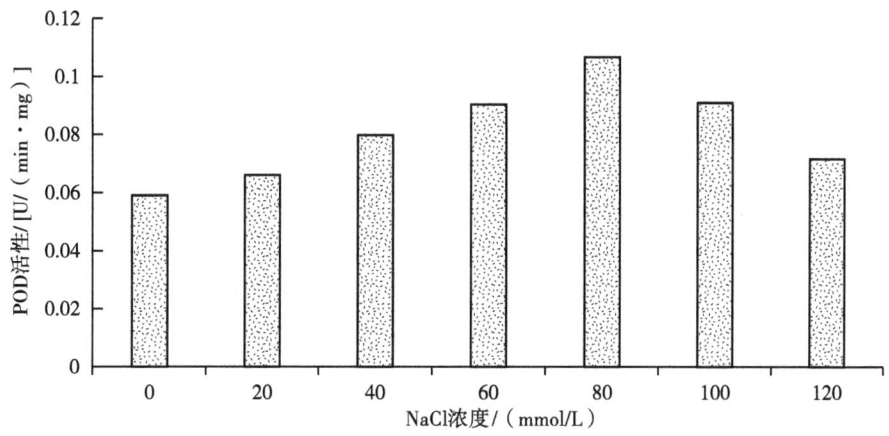

图 13-4　NaCl 胁迫下锦灯笼幼苗 POD 活性

13.3　结论与讨论

本试验表明，不同浓度 NaCl 对锦灯笼种子萌发和幼苗生长的影响不同。NaCl 浓度越高，锦灯笼种子的发芽率、发芽势和相对发芽率越低、相对伤害率越高，同时萌发所需时间延后，说明 NaCl 对种子萌发有抑制作用。与对照组相比，20 mmol/L NaCl 处理下对锦灯笼种子萌发产生的盐害作用不明显，其他浓度盐害作用明显，表明萌发期的种子有一定的耐盐能力。NaCl 也影响锦灯笼幼苗的生长，株高分析表明：株高与 NaCl 浓度成反比，且影响在幼苗生长初期不明显，快速生长阶段显著。

NaCl 对锦灯笼幼苗的各生理指标作用不同。与对照组比，随着 NaCl 浓度增加，丙二醛含量呈先下降后上升的趋势。20 mmol/L NaCl 时出现丙二醛含量较对照下降，可能是因为较低浓度 NaCl 时细胞内抗氧化酶活性较高，抑制了丙二醛的产生，高浓度 NaCl 胁迫下产生了过多的丙二醛，是由于植株细胞内活性氧的产生以及清除的平衡机制遭到了破坏，抗氧化酶活性降低所导致。

渗透调节是 NaCl 胁迫下锦灯笼幼苗做出的一种积极响应。在本试验中，随 NaCl 胁迫强度增大，锦灯笼幼苗可溶性糖含量先呈上升趋势，且在 100 mmol/L NaCl 时达到了最高值，之后又有所下降，说明锦灯笼细胞的渗透调节能力是有限度的，超过这个限度，渗透调节能力减弱，导致幼苗受害，出现幼苗萎蔫就是很好的见证。

锦灯笼幼苗的POD活性随着NaCl浓度的增大，出现先升后降趋势。在80 mmol/L NaCl时POD活性达到最大值，之后又下降，但仍高于对照组。这可能是由于胁迫加剧，细胞活性氧物质含量的增大激活了其他抗氧化酶类，整个抗氧化酶系统会由于相互协调作用从而导致POD活性下降。

本试验结果表明：在所设定的NaCl浓度梯度范围内，锦灯笼种子萌发和幼苗生长都具有一定的抗盐性，可以考虑在20 mmol/L NaCl浓度以下范围的土壤中种植锦灯笼，达到改良土壤，提高土地利用效率的目的。

参考文献

[1] 吴爽，倪蕾，张云杰，等．近十年锦灯笼研究进展 [J]．中药材，2019 (10)：2464-2469．

[2] 杨丽军，王丹丹，吴红杰，等．锦灯笼抗炎活性成分作用机制的网络药理学研究 [J]．天津中医药大学学报，2018，37 (5)：399-403．

[3] 王玮．锦灯笼的营养保健功能及药用价值 [J]．中国食物与营养，2008 (3)：55-56．

[4] 闫平，何昊，张彦，等．微波协同超声波提取锦灯笼多酚的工艺优化 [J]．化工科技，2018，26 (3)：11-16．

[5] 闫平，何昊，姚奕，等．超声酶法对锦灯笼中黄酮和木犀草素提取工艺的优化 [J]．现代中药研究与实践，2018，32 (4)：40-43，48．

[6] 钟方丽，王文姣，王晓林，等．锦灯笼宿萼总黄酮体外抗氧化活性 [J]．大连工业大学学报，2017，36 (6)：397-460．

[7] 李嘉欣，韩东卫，李璐，等．锦灯笼药理作用最新研究进展 [J]．吉林中医药，2019，39 (4)：555-560．

[8] 邓小红，姬拉拉，王锐洁，等．不同NaCl浓度对赤小豆和红豆发芽及幼苗生长的影响 [J]．种子，2019，38 (7)：24-29，36．

[9] 贾永正，张子晗，喻方圆，等．盐胁迫对紫薇种子萌发特性的影响 [J]．种子，2016，35 (10)：87-91，94．

[10] 胡生荣，高永，武飞，等．盐胁迫对两种无芒雀麦种子萌发的影响 [J]．植物生态学报，2007 (3)：513-520．

[11] 张海欧. 浅谈不同材料在盐渍化土壤改良中的应用[J]. 农学学报, 2019, 9(12): 39-42.

[12] 徐恒刚. 中国盐生植被及盐渍化生态治理[M]. 北京: 中国农业科学技术出版社, 2004: 23-25.

[13] 李晓敏, 刘翠英. 不同处理对野生观赏植物马蔺种子萌发的影响[J]. 榆林学院学报, 2014, 24(2): 22-26.

[14] 李卫明, 许辉欣, 柴政, 等. 不同浓度盐胁迫对三种饲草作物种子萌发特性的影响[J]. 中国奶牛, 2019(3): 62-65.

[15] 王传旗, 张文静, 德吉卓玛, 等. 西藏浪卡子县野生垂穗披碱草种子萌发对水盐胁迫的响应[J]. 种子, 2018, 37(7): 39-43.

[16] 李小方, 张志良. 植物生理学试验指导[M]. 北京: 高等教育出版社, 2016.

[17] 苏宁宁. 党参种子检验方法及质量标准的研究制定[D]. 北京协和医学院, 2012.

[18] 曹俊梅, 芦静, 张新忠, 等. 11份新疆小麦品种幼苗耐盐性及相关形态生理特性研究[J]. 新疆农业科学, 2017, 54(8): 1384-1393.

[19] 呼红梅, 王莉. 氮、磷、钾对盐胁迫谷子幼苗形态和生理指标的影响[J]. 江苏农业科学, 2016, 44(2): 117-122.

14　旱盐胁迫下旱金莲幼苗的生理指标和光合指标响应

旱金莲（*Tropaeolum majus*），叶片呈圆盾形，因其叶片形似莲叶，故命名为旱金莲，是旱金莲科（Tropaeolaceae）旱金莲属蔓生一年生草本植物。其分布范围较广，多以盆栽和陆地花卉居多。旱金莲喜温和气候，不耐严寒酷暑，喜湿润怕渍涝。因其叶形奇特，花色齐全，旱金莲具有较好的观赏价值。另外旱金莲也具有一定的药用价值，全株可入药，具有清热解毒的功效。

目前对旱金莲的研究在栽培管理方面有果红梅的旱金莲栽培管理[1]，苏有志的旱金莲及其栽培关键[2]，钟萍的旱金莲栽培与管理[3]等；在组培快繁方面有石文山的旱金莲离体培养与快速繁殖[4]和旱金莲的组培快繁[5]，张伟燕、王静的旱金莲的组培快繁技术[6]，谢媛的旱金莲育苗技术[7]等；在化学成分方面有蔡定建的旱金莲中黄酮类物资的提取和测定[8]；在药理作用方面有程斌等对旱金莲清热解毒的功效的研究[9]，侯晓艺等对旱金莲叶片抗菌、降温、非特异性的刺激、利尿作用的研究等[10]。

干旱胁迫和盐胁迫都是导致植物生长受阻的主要胁迫因素。盐和干旱胁迫不仅影响植物生长发育、光合作用及呼吸作用等重要的代谢过程，而且对植物体内离子含量、酶活性、激素水平等均有影响[11]。由于土壤盐渍化和水资源紧缺使得许多植物的生长受到严重的制约，因此，需选择一些抗旱和耐盐的品种进行规模化种植，满足大规模种植的需求[12]。因此，对旱金莲抗逆性研究具有重要的现实意义。

目前有许多旱金莲栽培方面的报道，但对其抗逆性的研究鲜见报道。针对抗旱性和耐盐性，本研究采用土培法结合自然干旱及不同浓度的氯化钠溶液处理旱金莲幼苗，研究旱金莲幼苗在干旱和盐胁迫下的叶绿素含量，丙二醛含量，可溶性蛋白含量，过氧化物酶活性，相对伤害率等生理指标及光合指标的变化，以便于了解旱金莲幼苗对干旱、半干旱及盐碱地的适应能力，为旱金莲种植选择适宜的水盐环境提供科学依据。

14 旱盐胁迫下旱金莲幼苗的生理指标和光合指标响应

14.1 材料与方法

14.1.1 试验材料

旱金莲种子,由香股长旗舰店网购。

14.1.2 试验设计

14.1.2.1 种子处理

挑选籽粒饱满且没有损伤的旱金莲种子,用自来水浸泡24 h后剥皮后播种在花盆中,适量浇水使其发芽生长,待其长出6~7片叶子做处理。

14.1.2.2 氯化钠溶液对旱金莲幼苗的胁迫处理

试验设置5个氯化钠溶液浓度梯度,分别为0.4%、0.8%、1.2%、1.6%、2.0%,以蒸馏水为对照,每个浓度重复3次,共18组。在胁迫期间称重浇水,保持盐浓度恒定。胁迫一周后测定生理指标和光合指标。

14.1.2.3 干旱对旱金莲幼苗的胁迫处理

试验设置3个干旱处理,轻度干旱、中度干旱、重度干旱,其对应的土壤相对含水量分别为55%~60%、40%~45%、25%~30%,分别记作S1、S2、S3,以土壤相对含水量70%~80%为对照,记作CK,每个处理重复3次,共12组。当植株长至第七片真叶时进行干旱处理。处理一周后测定生理指标和光合指标。

14.1.3 指标测定

①叶绿素含量测定:SPAD-502Pluse便捷式叶绿素测定仪;
②可溶性蛋白含量的测定:考马斯亮蓝G-250染色法[13,14];
③过氧化物酶活性的测定:愈创木酚比色法[15,16];
④丙二醛的测定:硫代巴比妥酸法[17,18];
⑤相对伤害率的测定:电导仪法[19];
⑥光合指标的测定:使用Yaxin-1102便携式光合蒸腾仪测定,包括净光合速率(Pn)、蒸腾速率(Tr)、气孔导度(Gs)、胞间CO_2浓度(Ci)[20]。

14.1.4 数据统计与分析

使用 Excel 2019 和 SPSS 26 对数据进行计算和统计分析,并绘制图表。

14.2 结果与分析

14.2.1 盐胁迫处理下旱金莲幼苗的形态变化

不同浓度的 NaCl 处理旱金莲幼苗,胁迫第 3 d 时,浓度 0.4%、0.8% 的处理组和对照组叶片舒展、绿色;浓度 1.2% 和 1.6% 的处理组茎变软,叶片绿色变浅,浓度 2% 的处理组个别叶片开始出现边缘发黄且茎都变软。胁迫第 5 d 时,浓度 0.4% 和 0.8% 的处理组叶片绿色变浅;浓度 1.2% 和 1.6% 的处理组个别叶片出现边缘发黄;浓度 2% 的处理组个别叶片全黄并卷曲,有一部分叶片出现边缘发黄;所有处理组的新叶停止生长,浓度 2% 处理组的新叶全部死亡。说明随着胁迫时间的延长和胁迫浓度的加大,盐胁迫对旱金莲叶片的伤害逐渐加深。

14.2.2 盐胁迫处理下旱金莲幼苗的生理指标和光合指标的变化

14.2.2.1 过氧化物酶(POD)活性

由图 14-1 可知,旱金莲叶片中的 POD 活性随着 NaCl 浓度的增大而呈现先升后降的趋势。在浓度为 1.2% 出现峰值,为 4 593 U/(g·min),是对照组的 2.18 倍;在浓度 0.4%、0.8%、1.6% 和 2.0% 的 NaCl 处理下,POD 活性分别为 2 407.5 U/(g·min)、3 393 U/(g·min)、2 820 U/(g·min) 和 2 719.5 U/(g·min),分别是对照的 1.14 倍、1.61 倍、1.34 倍、1.29 倍。经方差分析可知,各处理组与对照组之间存在显著差异($P<0.05$)。浓度 0.0%~0.8% 的上升幅度平缓,0.8%~1.6% 旱金莲幼苗的 POD 活性变化幅度较大,1.6%~2.0% 的下降幅度较小。结果说明在盐浓度低时,POD 活性升高,高浓度则降低,即旱金莲对低浓度 NaCl 有一定的抗性,通过提高 POD 酶的活性来保护细胞免受盐伤害。

14.2.2.2 丙二醛(MDA)含量

由图 14-2 可知,旱金莲叶片中的 MDA 含量随着 NaCl 浓度的增大而呈现先降后升的趋势,在浓度为 1.2% 时降到最低,为 65.72 ng/g,是对照组

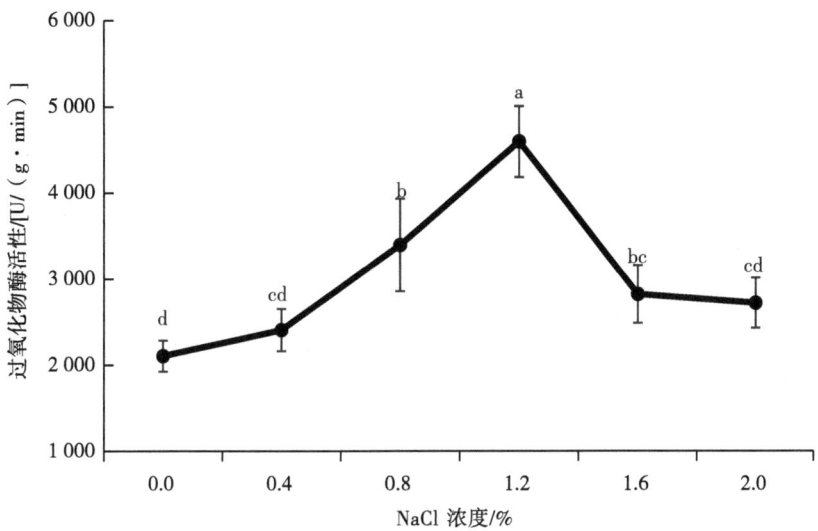

图 14-1 不同浓度盐胁迫下旱金莲幼苗的过氧化物酶（POD）活性的变化
注：不同小写字母表示处理间差异显著（$P<0.05$），下同。

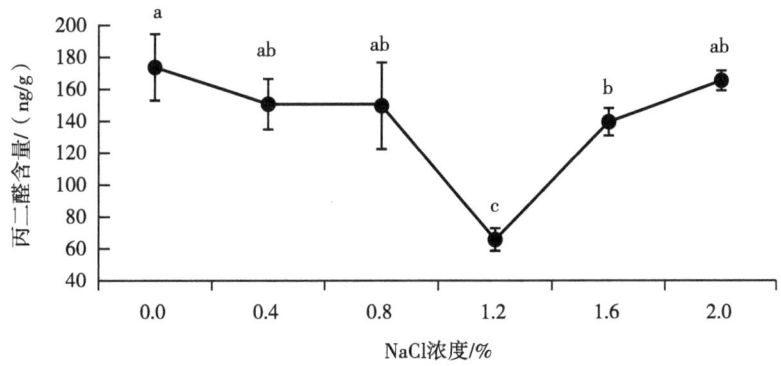

图 14-2 不同浓度盐胁迫下旱金莲幼苗的丙二醛（MDA）含量的变化

的38%；浓度为0.4%、0.8%、1.6%和2.0%的处理组分别为150.67 ng/g、149.61 ng/g、139.44 ng/g 和 165.28 ng/g，分别是对照的86%、86%、80%、95%。由方差分析可得，各处理组与对照组之间存在显著差异（$P<0.05$）。浓度 0.0%~0.8%的降低幅度平缓，0.8%~1.6%旱金莲幼苗的MDA含量变化幅度较大，1.6%~2.0%的上升幅度较小。结果说明，旱金莲在较低浓度 NaCl 下，细胞膜脂的过氧化程度降低，抗盐性强，而高浓度则

相反。

14.2.2.3 相对伤害率

由图 14-3 可知，NaCl 对旱金莲幼苗的相对伤害率与 NaCl 浓度成正比。浓度 0.4%～2.0% 的处理组的相对伤害率分别为 15.40%、28.53%、36.70%、56.27%、57.93%，是对照组的 1.62 倍、2.99 倍、3.85 倍、5.90 倍、6.08 倍。经方差分析得，浓度为 0.4% 的处理组的相对伤害率与对照组之间不存在显著差异（$P>0.05$），其他组与对照组之间存在显著差异（$P<0.05$）。浓度 0.0%～0.8% 的上升幅度较平缓，0.8%～1.6% 旱金莲幼苗的相对伤害率变化幅度较大，而 1.6%～2.0% 的幅度变化较小。说明 NaCl 浓度越高对旱金莲幼苗叶片的伤害越大。

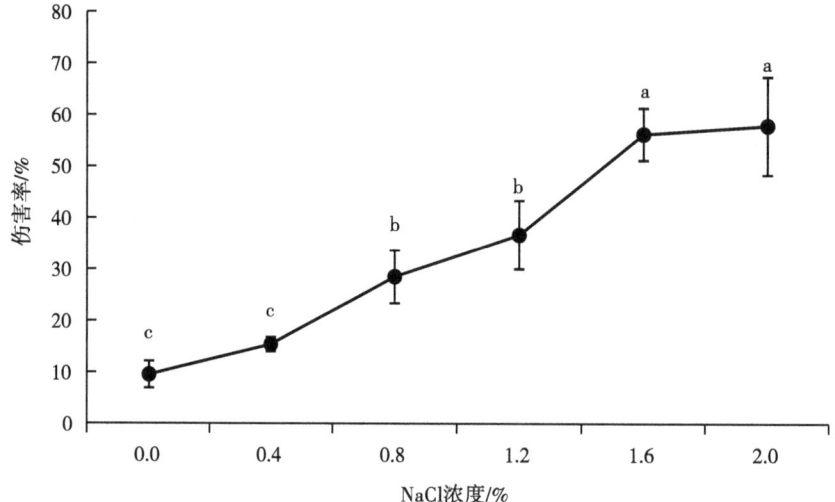

图 14-3　不同浓度盐胁迫下旱金莲幼苗的相对伤害率的变化

14.2.2.4 可溶性蛋白含量

由图 14-4 可知，旱金莲叶片中的可溶性蛋白含量与 NaCl 浓度成反比。在 0.4%～2.0% 各浓度下其分别为 4.93 mg/g、4.76 mg/g、4.49 mg/g、4.42 mg/g、3.37 mg/g，较对照分别降低了 8.92%、12.82%、19.60%、21.49%、59.35%。经方差分析可知，浓度 0.4%、0.8%、1.2% 处理组的可溶性蛋白与对照组之间差异不显著（$P>0.05$），其他组与对照组之间存在显著差异（$P<0.05$）。与其他 3 个浓度相比，1.6% 和 2.0% 的下降幅度较大。说明高浓度的 NaCl 显著抑制旱金莲幼苗可溶性蛋白的形成。

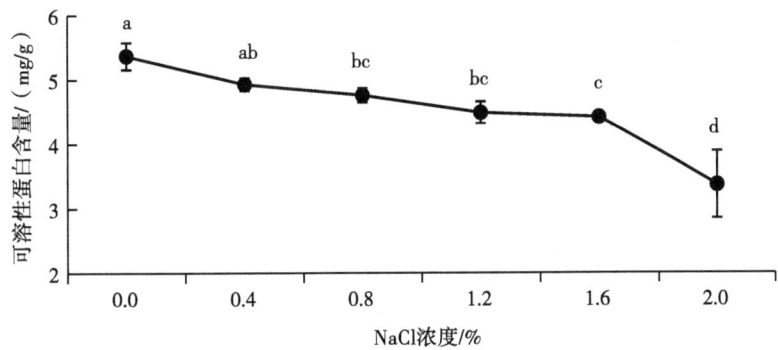

图 14-4　不同浓度盐胁迫下旱金莲幼苗的可溶性蛋白含量的变化

14.2.2.5　叶绿素含量（SPAD 值）

由图 14-5 可知，旱金莲叶片中的 SPAD 值随着 NaCl 浓度的增大整体呈下降趋势，浓度 0.0%、0.4%、0.8%、1.2%、1.6% 和 2.0% 的处理组的 SPAD 值分别为 33.28、33.28、34.04、31.53、30.27、26.50。方差分析结果显示，浓度为 0.4%、0.8%、1.2% 的各处理组与对照组之间 SPAD 值不存在显著差异（$P>0.05$）；其他两组则差异显著（$P<0.05$）。结果说明高浓度的 NaCl 对旱金莲幼苗叶绿素的合成的抑制作用强于低浓度。

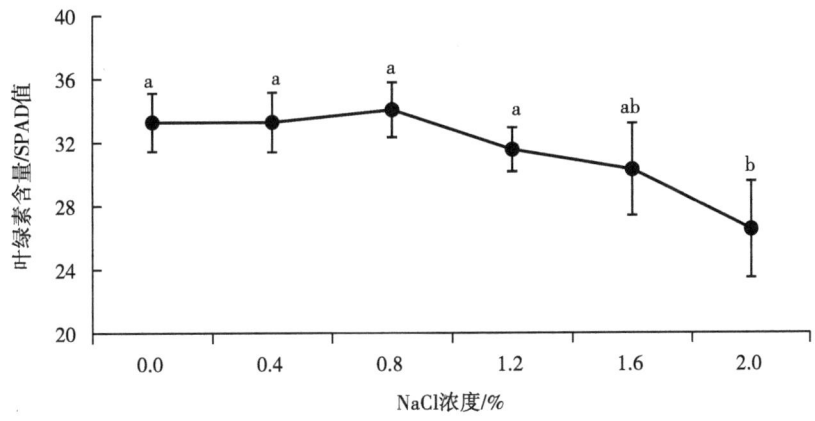

图 14-5　不同浓度盐胁迫下旱金莲幼苗的叶绿素含量（SPAD 值）的变化

14.2.2.6　光合作用指标

①由图 14-6 至图 14-8 可知，旱金莲幼苗的 Pn、Tr、Gs 随着 NaCl 浓

度的增大而减小。浓度 2.0%处理组的 Pn 为负值,即光合作用低于呼吸作用,旱金莲幼苗已经不能积累有机物;浓度 2.0%的处理组 Tr、Gs 分别是对照组的 12%、13%。由方差分析可得,除了浓度 0.4%外,其他处理组与对照组的 Pn、Tr、Gs 则差异显著($P<0.05$)。说明高浓度的 NaCl 对旱金莲幼苗的光合作用具有显著抑制作用。

②由图 14-9 可知,随着 NaCl 浓度的增大,旱金莲幼苗的 Ci 含量呈上升趋势。浓度 0.4%～2.0%的处理组的 Ci 含量分别是 451.33 μmol/($m^2 \cdot s$)、442.33 μmol/($m^2 \cdot s$)、564.00 μmol/($m^2 \cdot s$)、559.67 μmol/($m^2 \cdot s$)、1 227.67 μmol/($m^2 \cdot s$)。经方差分析可知,除了浓度 0.4%和 0.8%处理组外,其他处理组与对照组的 Ci 差异显著($P<0.05$)。

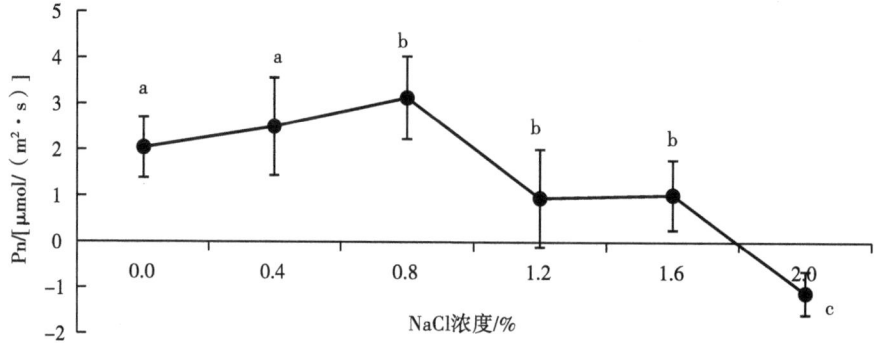

图 14-6 不同浓度盐胁迫下旱金莲幼苗的净光合速率(Pn)的变化

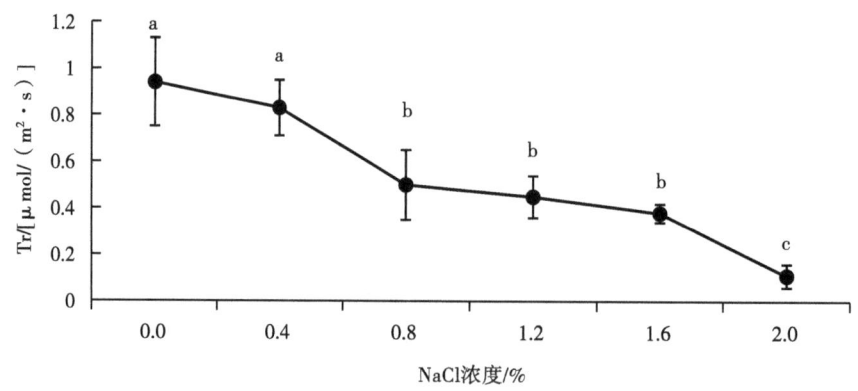

图 14-7 不同浓度盐胁迫下旱金莲幼苗的蒸腾速率(Tr)的变化

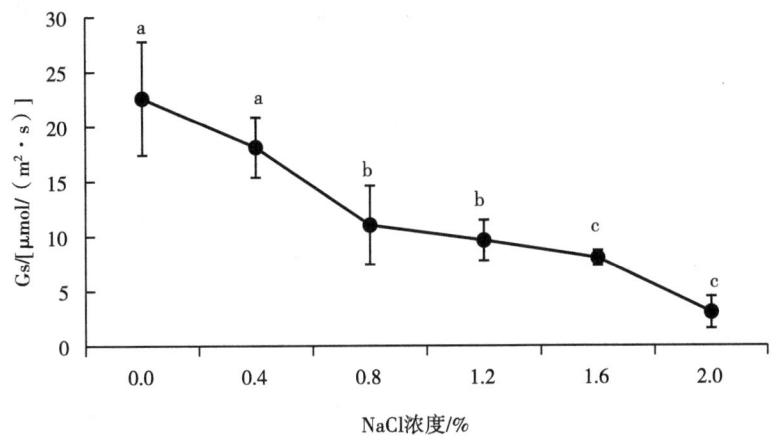

图 14-8　不同浓度盐胁迫下旱金莲幼苗的气孔导度（Gs）的变化

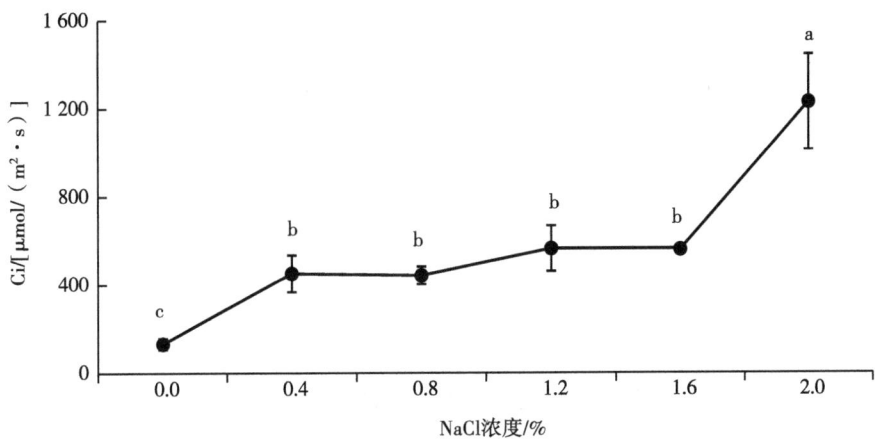

图 14-9　不同浓度盐胁迫下旱金莲幼苗的胞间 CO_2 浓度（Ci）的变化

14.2.3　干旱胁迫处理下旱金莲幼苗的形态变化

自然干旱处理旱金莲幼苗一周后，不同程度的干旱，幼苗表现出不同的形态变化：轻度干旱叶片舒展、绿色；中度干旱半数叶片下垂、边缘卷曲、变黄；重度干旱全部叶片下垂，半数以上叶片全黄、卷曲，其他叶片略微发黄。结果说明随着干旱程度的加深，对旱金莲叶片的伤害逐渐加重。

14.2.4 干旱胁迫处理下旱金莲幼苗的生理指标和光合指标的变化

14.2.4.1 过氧化物酶（POD）活性

由图 14-10 可知，旱金莲叶片中的 POD 活性与干旱程度成反比。处理组 S1、S2、S3 的 POD 活性分别为 2 101 U/（g·min）、2 088 U/（g·min）、1 443 U/（g·min），较 CK 降低了 11.52%、12.21%、62.37%。由方差分析可知，各处理组与对照组之间存在显著差异（$P<0.05$）。结果说明干旱程度越高旱金莲叶片中的 POD 活性越低，细胞受损程度越大。

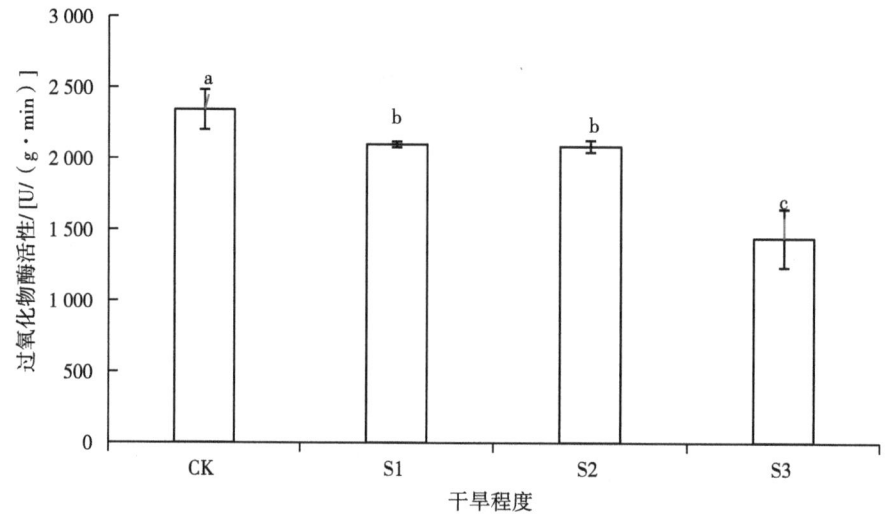

图 14-10　干旱胁迫下旱金莲幼苗的过氧化物酶（POD）活性的变化

14.2.4.2 丙二醛（MDA）含量

由图 14-11 可知，随着干旱程度的增大，旱金莲叶片中的 MDA 含量呈上升的趋势。在 S3 时 MDA 含量达到最高，为 360.566 ng/g，是 CK 的 2.25 倍；S1 和 S2 分别是 CK 的 1.20 倍、1.35 倍。经方差分析可知，只有 S3 与 CK 的 MDA 含量存在显著差异（$P<0.05$）。结果说明重度干旱使 MDA 含量显著上升。

14.2.4.3 相对伤害率

由图 14-12 可知，随着干旱程度的加深，旱金莲叶片中的相对伤害率

14 旱盐胁迫下旱金莲幼苗的生理指标和光合指标响应

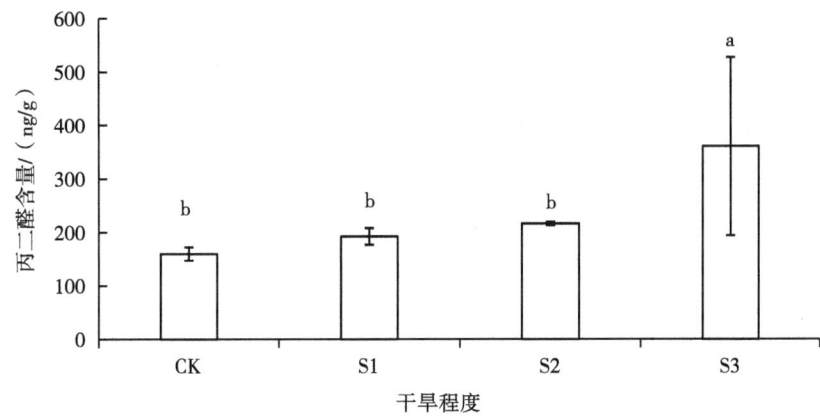

图 14-11　干旱胁迫下旱金莲幼苗的丙二醛（MDA）含量的变化

呈上升的趋势。处理组 S3 的相对伤害率最高，为 15.81%，是 CK 的 5.55 倍；处理组 S1 和 S2 分别是 CK 的 2.07 倍、2.21 倍。由方差分析可知，处理组 S1、S2、S3 与 CK 之间存在显著差异（$P<0.05$）。结果说明干旱程度越高对旱金莲幼苗的伤害程度越大。

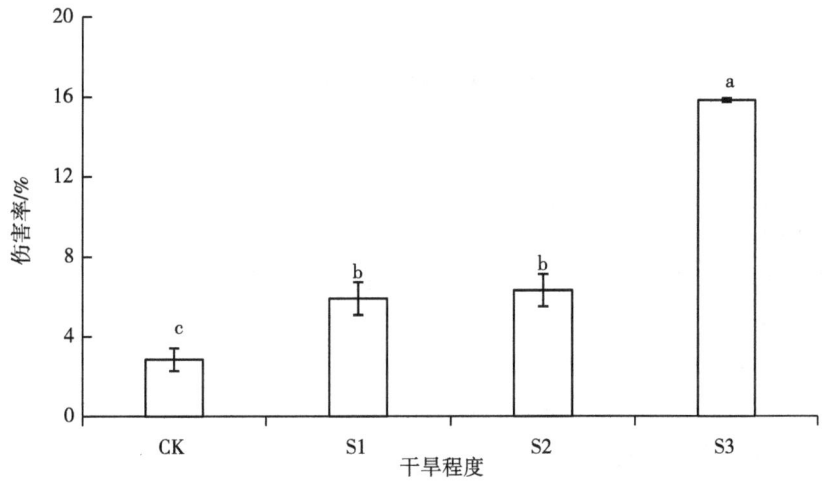

图 14-12　干旱胁迫下旱金莲幼苗的相对伤害率的变化

14.2.4.4　可溶性蛋白含量

由图 14-13 可知，旱金莲叶片中的可溶性蛋白含量与干旱程度成反比。

处理组 S1、S2、S3 的其值分别为 5.09 mg/g、4.33 mg/g、3.99 mg/g，较对照组（CK）降低了 7.39%、26.15%、36.99%。方差分析显示，S1 与 CK 之间无显著差异（$P>0.05$），S2、S3 与 CK 之间存在显著差异（$P<0.05$）。结果说明随着干旱程度的加深旱金莲幼苗的可溶性蛋白的合成受到了明显的抑制。

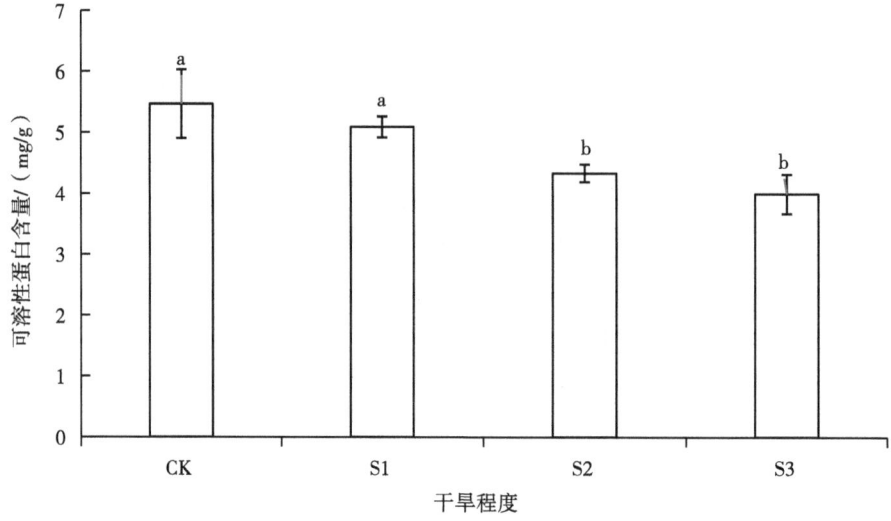

图 14-13　干旱胁迫下旱金莲幼苗的可溶性蛋白含量的变化

14.2.4.5　叶绿素含量（SPAD 值）

由图 14-14 可知，随着干旱程度的加深，旱金莲叶片中的 SPAD 值呈下降的趋势。处理组 S1、S2、S3 的 SPAD 值分别为 34.67、31.80、19.40，且分别较 CK 降低了 3.07%、12.37%、84.19%。经方差分析可得，S1 与 CK 之间不存在显著差异（$P>0.05$）；处理组 S2、S3 与 CK 的叶绿素含量差异显著（$P<0.05$）。结果说明轻度干旱不影响旱金莲幼苗的叶绿素合成，而重度干旱抑制旱金莲幼苗叶绿素的合成。

14.2.4.6　光合作用指标

①由图 14-15 至图 14-17 可知，随着干旱程度的增大，旱金莲幼苗的 P_n、T_r、G_s 整体呈下降趋势。其中 S2 和 S3 的 P_n 为负，不能积累有机物，抑制了旱金莲幼苗的生长。处理组 S3 的 T_r、G_s 分别是 CK 的 34%、32%。

②由图 14-18 知，C_i 随着干旱程度的增大而增大。处理组 S1、S2、S3 的

14 旱盐胁迫下旱金莲幼苗的生理指标和光合指标响应

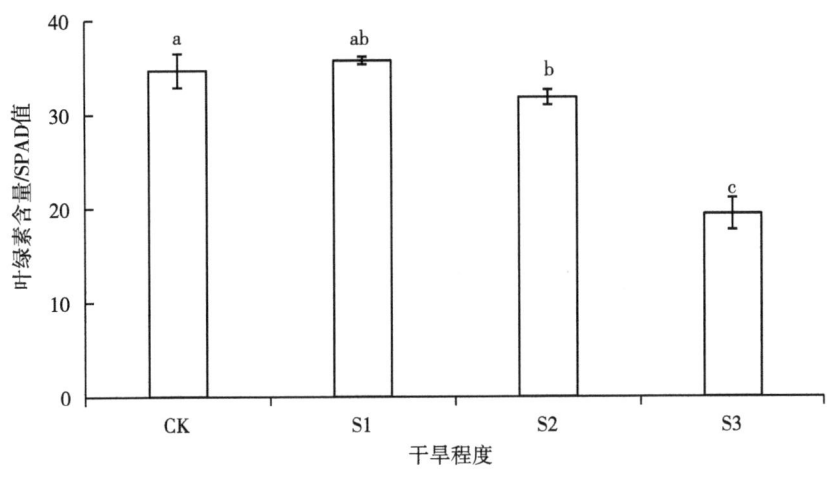

图 14-14 干旱胁迫下旱金莲幼苗的叶绿素含量（SPAD 值）的变化

Ci 分别为 518.33 μmol/（m²·s）、590 μmol/（m²·s）、761 μmol/（m²·s），较 CK 增加了 6.36%、21.07%、56.16%。经方差分析可得，S2 与 CK 之间的 Pn 存在显著差异（$P<0.05$）；S1 与 S2 之间及其与 CK 之间的 Tr、Gs、Ci 不存在显著差异（$P>0.05$），而 S3 与 CK 之间的 Tr、Gs、Ci 存在显著差异（$P<0.05$）。结果说明，旱金莲幼苗通过降低气孔导度，蒸腾作用和呼吸作用来适应干旱胁迫条件。

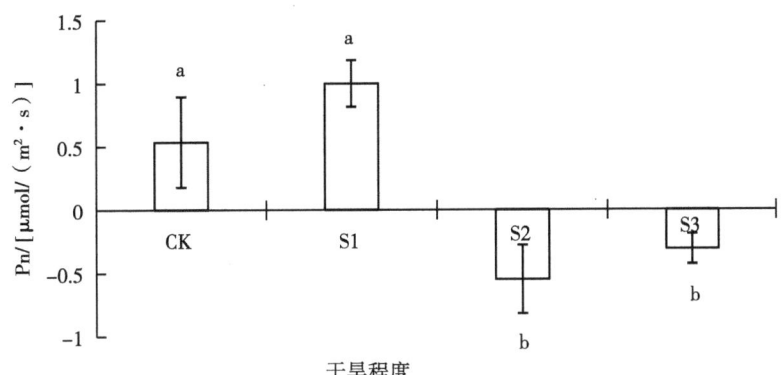

图 14-15 干旱胁迫下旱金莲幼苗的净光合速率（Pn）的变化

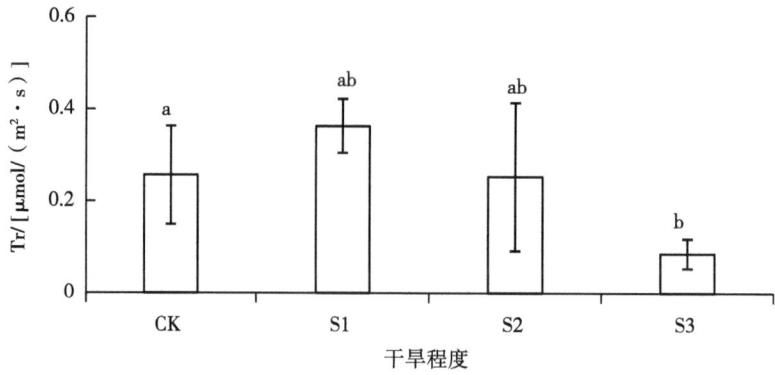

图 14-16　干旱胁迫下旱金莲幼苗的蒸腾速率（Tr）的变化

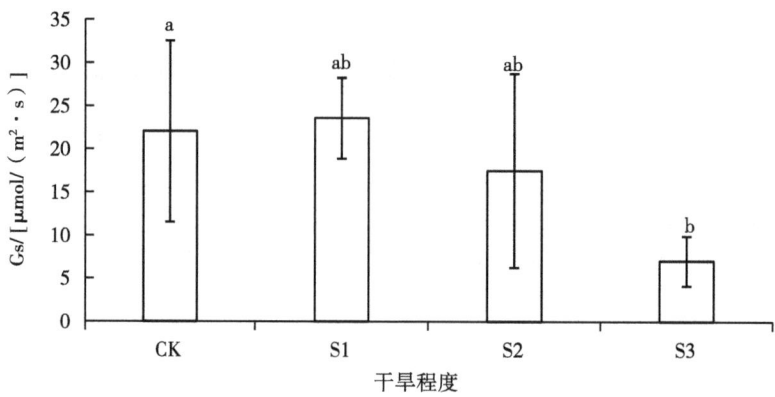

图 14-17　干旱胁迫下旱金莲幼苗的气孔导度（Gs）的变化

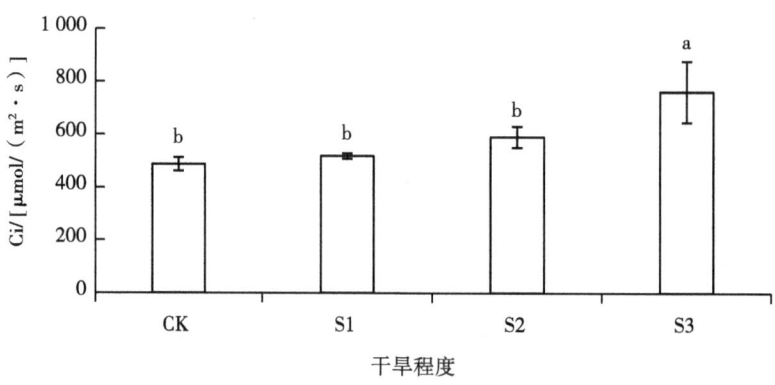

图 14-18　干旱胁迫下旱金莲幼苗的细胞间 CO_2 浓度（Ci）的变化

14.3 结论与讨论

本研究显示干旱胁迫和盐胁迫都影响旱金莲幼苗的生理指标和光合指标。

在细胞膜系统方面，胁迫条件下，植物细胞膜会发生膜脂过氧化，并且会产生活性氧，会导致 MDA 含量和 POD 活性发生变化；同时由于膜受损之后，膜透性改变，使大量离子流出，其相对伤害率发生变化。本研究中，在盐胁迫下，MDA 含量呈现先降后升的趋势，而 POD 活性呈先升后降的趋势，相对伤害率整体上升。MDA 含量和 POD 活性在盐浓度 1.2% 时出现峰值，且相对伤害率在浓度 1.2% 时变化幅度较大。因此，膜在盐浓度 1.2% 时开始严重受损。这与韩宇等[21]盐胁迫对药用红花幼苗的 POD 活性和 MDA 含量变化趋势一致。在干旱胁迫中，POD 活性下降而 MDA 含量与相对伤害率都增大。这与马斌等[17]对干旱胁迫对 4 种木兰科树种的 POD 活性和 MDA 含量的变化趋势一致。也与胡杨等[22]对细穗柽柳幼苗的相对伤害率的研究趋势是相同的。这表明，在盐碱地和干旱地区，会导致旱金莲叶片的细胞膜结构被破坏，从而影响幼苗的生长。

在渗透调节系统方面，当植物遭遇到干旱胁迫的时候，它的叶片中总蛋白质的合成速率也会出现改变，而可溶性蛋白含量的变化能够反映出细胞内蛋白质合成、变性及降解等多方面信息[23]。本研究中，在盐和干旱胁迫下，可溶性蛋白含量与干旱和盐胁迫程度成反比，这与程维舜等在干旱和盐胁迫对西瓜幼苗可溶性蛋白的研究趋势是一致的[24]。

在光合系统方面，植物受逆境影响，其叶绿素和光合作用指标都会发生变化。其中叶绿素作为光合作用的基本色素，受逆境影响，其含量会下降[25]。本研究中，叶绿素含量、净光合速率、气孔导度、蒸腾速率与干旱和盐胁迫程度成反比，而胞间二氧化碳浓度则成正比，这与范智勇等[26]对植物叶绿素在胁迫下呈下降的趋势是一致的；与林莺等[27]对西洋参叶片光合作用指标的趋势是相同的。

综上所述，旱金莲幼苗在盐浓度小于 1.2% 时，具有一定的抗盐性，并且能耐受轻度干旱。因此，在种植时要选择适当的水盐环境。

参考文献

[1] 果红梅. 旱金莲栽培管理 [J]. 中国花卉园艺，2020 (16)：23.

[2] 苏有志. 旱金莲及其栽培关键 [J]. 现代园艺, 2007 (10): 11-12.

[3] 钟萍. 旱金莲的栽培与管理 [J]. 花木盆景 (花卉园艺), 2007 (6): 17-18.

[4] 石文山, 刘学英, 于得洋, 等. 旱金莲的离体培养与快速繁殖 [J]. 北方园艺, 2007 (11): 181-183.

[5] 石文山, 于得洋, 朱庆宝. 旱金莲的组培快繁 [J]. 中国花卉园艺, 2007 (4): 39-41.

[6] 张伟燕, 王静. 旱金莲的组培快繁技术 [J]. 现代园艺, 2013 (9): 31.

[7] 谢媛. 旱金莲育苗技术 [J]. 农村科技, 2011 (6): 48-49.

[8] 蔡定建, 熊小俊, 徐娜, 等. 旱金莲中黄酮类物质的提取和测定 [J]. 江苏农业科学, 2011 (1): 308-312.

[9] 程斌, 刍议旱金莲的应用 [J]. 现代园艺, 2015 (14): 164.

[10] 侯晓艺, 高昂, 巩江, 等. 旱金莲药学研究概况 [J]. 辽宁中医药大学学报, 2011, 13 (4): 67-68.

[11] 王冰, 程宪国. 干旱、高盐及低温胁迫下植物生理及转录因子的应答调控 [J]. 植物营养与肥料学报, 2017, 23 (6): 1565-1574.

[12] 高昆, 曹艳东. 干旱胁迫对白花前胡种子萌发和幼苗生理生化特性的影响 [J]. 贵州农业科学, 2022, 50 (12): 130-138.

[13] 祝连彩, 唐士金, 周丽. 考马斯亮蓝 G-250 法测定蛋白质含量的教学实践及方法学探讨 [J]. 教育教学论坛, 2020 (23): 266-269.

[14] 焦洁. 考马斯亮蓝 G-250 染色法测定苜蓿中可溶性蛋白含量 [J]. 农业工程技术, 2016, 36 (17): 33-34.

[15] 杨利艳, 杨小兰, 朱满喜, 等. 干旱胁迫对藜麦种子萌发及幼苗生理特性的影响 [J]. 种子, 2020, 39 (9): 36-40.

[16] 王伟玲, 王展, 王晶英. 植物过氧化物酶活性测定方法优化 [J]. 试验室研究与探索, 2010, 29 (4): 21-23.

[17] 马斌, 张娅, 吴毅, 等. 干旱胁迫对 4 种木兰科树种生理特性的影响 [J]. 中南林业科技大学学报, 2020, 40 (11): 93-99.

[18] 赵世杰, 许长成, 邹琦, 等. 植物组织中丙二醛测定方法的改进 [J]. 植物生理学通讯, 1994 (3): 207-210.

[19] 周丽霞,杨蒙迪,赵志浩.不同油棕品种对干旱胁迫及复水的生理响应及抗旱性评价[J].分子植物育种,2023,21(12):4066-4077.

[20] 高昆,李晓红,刘超,等.不同中性钠盐对紫背天葵幼苗生长和光合特性的影响[J].天津农业科学,2022,28(7):1-7.

[21] 韩宇,生艳菲,罗茜,等.药用红花幼苗对盐胁迫的生理响应机制[J].生态学杂志,2014,33(7):1833-1838.

[22] 胡杨,李钢铁,李星,等.干旱胁迫对细穗柽柳幼苗生长和生理生化指标的影响[J].中国农业科技导报,2021,23(6):43-50.

[23] 李洁.干旱胁迫对青稞幼苗可溶性蛋白的影响[J].江苏农业科学,2015,43(12):124-126.

[24] 程维舜,孙玉宏,曾红霞,等.干旱—盐胁迫对西瓜幼苗可溶性蛋白及可溶性糖的影响[C].中国园艺学会,2013.

[25] 焦秀洁,何开跃,窦全琴.NaCl胁迫对榉树种子萌发及幼苗生理指标的影响[J].林业科技开发,2009,23(4):55-58.

[26] 范智勇,王亭亭,柴靓,等.盐胁迫和干旱胁迫对蓝花子种子萌发和幼苗生长的影响[J].北方园艺,2011(2):7-10.

[27] 林莺,王玲娜,张江平,等.西洋参叶片光合作用对干旱胁迫的响应机制[J].山东中医药大学学报,2022,46(2):252-259.

15 碱胁迫对紫花地丁种子萌发及生理特性的影响

盐碱地是所含易溶性盐类过多而影响到作物的正常生长的一种土壤类型。目前全世界盐碱地的面积约为9.543 8亿 hm^2，其中我国盐碱地面积约为9 913万 $hm^{2[1]}$。这些盐碱地有着巨大开发潜力。改良和利用盐碱地需要选育和推广耐盐植物[2]。山西省大同市，位于大同盆地，盐碱土占有很大的面积[3]。在对植物生长进行盐胁迫的试验中，大多数都是用中性盐进行的，而用 Na_2CO_3 和 $NaHCO_3$ 等碱性盐进行盐碱胁迫的试验较少，但是盐碱土中中性盐和碱性盐往往是相伴存在的[4]。

紫花地丁（*Viola philippica*），别名野堇菜等，属堇菜科（Violaceae）多年生草本，全草可供药用；嫩叶可作野菜食用；可做早春观赏植物，既可用于观赏，也可用于药用[5]。紫花地丁对生存环境有很强的适应性，在我国绝大多数省、自治区、直辖市都有分布，因为其具有很好的观赏性、覆盖性且易于繁育种植，既有观赏效益又有一定经济效益，因此可作为绿化地被植物加以种植培养。

在前人的研究中发现，$NaCl$、Na_2SO_4 等中性盐的胁迫对紫花地丁的生长有一定影响。刘玉艳等[6]用不同浓度的 $NaCl$、Na_2SO_4 及二者质量比1:1配成的混合盐在紫花地丁种子萌发过程中进行胁迫，发现在胁迫条件下种子的发芽势、发芽指数和发芽率明显降低。在此研究基础上，刘玉艳等[7]又用不同浓度的 $NaCl$、Na_2SO_4 对紫花地丁幼苗进行胁迫处理，测定了在胁迫条件生长下植株叶片的生理指标，发现紫花地丁叶片中光合色素含量减少，蛋白质、可溶性糖及脯氨酸含量增加。目前已知中性盐胁迫影响紫花地丁种子萌发和生理指标，然而对于 Na_2CO_3、$NaHCO_3$ 这种碱性盐对紫花地丁种子萌发及其生理指标的影响还不得而知。

本试验采用相同浓度不同配比的 Na_2CO_3 和 $NaHCO_3$ 混合液对紫花地丁种子进行胁迫处理，以调查紫花地丁种子及幼苗在碱性盐胁迫下所做出的响应，通过测定种子的形态指标，如发芽率、发芽势、发芽指数、幼苗茎根比、幼苗叶面积及生理指标，如叶绿素含量等指标，来探究同种浓度不同配比的碱性盐溶液对紫花地丁种子萌发及幼苗生长状况的影响，为在山西大同地区大量繁殖和栽培紫花地丁提供理论依据，使紫花地丁在绿化中得到更好的应用。

15.1 材料与方法

15.1.1 试验材料

试验所用紫花地丁种子均产于河北省保定市。

15.1.2 试验方法

该试验于2021年春季四月进行，首先配制浓度均为20 mmol/L的Na_2CO_3和$NaHCO_3$溶液，而后分别设置体积比为1∶1、1∶2、1∶3、2∶1、3∶1的Na_2CO_3和$NaHCO_3$的混合溶液与以蒸馏水为对照组（CK）进行试验。在洗净的培养皿中铺入多层消毒的纱布，分别在其中加入等量的不同比例的上述混合液，混合液要将纱布浸透，每个培养皿中倒入20 mL混合液，分别在每个培养皿中放入50粒饱满的种子，每种不同配比的混合液设置3个重复组，共18组。将放有种子的培养皿置于温度设置为22 ℃的恒温培养箱内[7]，并以种子露白为萌发标准每天记录种子萌发数，直到种子不再萌发为止。待幼苗长到第3片叶子时，在每一个处理组中选取3个大小相近的幼苗，测量其叶面积、茎根比和叶绿素含量。

15.1.3 指标测定

根据试验所得数据，取播种后12 d的种子发芽数，此时各培养皿内的种子均已停止发芽[8]。在此基础上，统计不同处理下的种子的萌发指标。

发芽率（GP）=（发芽种子总数/供试种子总数）×100%[9]。

发芽势指种子萌发过程中发芽数目最多的那天的发芽种子数占供测样品种子数的百分率[10]。

发芽指数是种子的活力指标[11]。其计算公式为：$GI = \sum Gt/Dt$。

15.1.4 数据分析

用SPSS数据分析软件进行显著性检验，Excel办公软件对试验数据进行分析并绘图。

15.2 结果与分析

15.2.1 碱胁迫对紫花地丁种子萌发能力的影响

由图 15-1 可以看出，与对照组相比，在 Na_2CO_3 和 $NaHCO_3$ 混合液的处理下，无论是每日发芽率还是最终发芽率，试验组的发芽率均有很大幅度下降，且发芽结束时间早于对照组，发芽周期短，发芽率低。在发芽初期，1∶1 试验组发芽率最低，到第 5 d 时，其发芽率仅为 20%，但第 5 d 过后，其发芽率超过 1∶2 组和 3∶1 组，最终发芽率为 44%，居于试验组第三位。

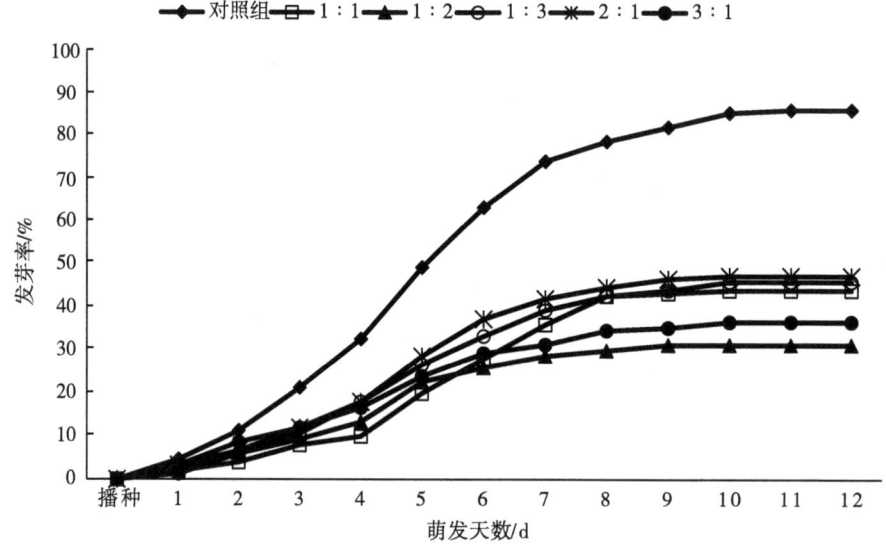

图 15-1 紫花地丁种子每日发芽率

从表 15-1 可以看出，与对照组相比，发芽率在处理组 1∶3 和 2∶1 之间，1∶1 和 1∶3 之间存在显著差异（$P<0.05$），其他组之间差异不显著（$P>0.05$）。在 5 个处理组中，紫花地丁种子发芽率从高到低依次为 2∶1>1∶3>1∶1>3∶1>1∶2；其中混合液比例为 2∶1 时发芽率最高，为 47.33%；比例为 1∶2 的混合液中发芽率最低，为 31.33%。

表 15-1 Na_2CO_3 和 $NaHCO_3$ 混合液处理下紫花地丁
种子发芽率、发芽势和发芽指数

Na_2CO_3 和 $NaHCO_3$ 比例	发芽率/%	发芽势/%	发芽指数
CK	86.00±2.00a	64.00±13.11a	49.53±2.24a
1∶1	44.00±5.29c	37.33±11.02bc	21.64±2.50c
1∶2	31.33±2.31e	22.67±2.31c	20.12±1.59c
1∶3	46.00±2.00bc	30.00±3.46bc	25.87±4.11bc
2∶1	47.33±4.16b	32.00±3.46bc	28.44±0.91b
3∶1	36.67±4.16d	26.00±6.00bc	24.16±2.26bc

相应的紫花地丁种子的发芽势也有很大幅度下降,但 5 个处理组之间不存在显著性差异 ($P>0.05$)。在 5 个处理组中,紫花地丁种子发芽势的大小依次为 1∶1>2∶1>1∶3>3∶1>1∶2;其中混合液比例为 1∶1 时,紫花地丁种子发芽势最高,为 37.33%;比例为 1∶2 时种子发芽势最低,为 22.67%。

同样的紫花地丁种子的发芽指数也发生相应的变化,有很大幅度的下降,与对照组相比,试验组 1∶1 和 2∶1 之间存在显著差异 ($P<0.05$)。5 个处理组的种子的发芽指数从高到低依次为 2∶1>1∶3>3∶1>1∶1>1∶2;其中 Na_2CO_3 和 $NaHCO_3$ 比例为 2∶1 时,紫花地丁种子发芽指数最高,为 28.44;比例为 1∶2 时,紫花地丁种子发芽指数最低,为 20.12。

由以上数据可以看出,混合液比例为 1∶1 时,种子发芽率为 44%,发芽势为 37.33%,发芽指数为 21.64;在 Na_2CO_3 占比较多时,即混合液比例为 2∶1 和 3∶1 时,其发芽率、发芽势和发芽指数依次分别为 47.33% 和 36.67%,32.00% 和 26.00%,28.44 和 24.16;在 $NaHCO_3$ 占比较多时,即混合液比例为 1∶2 和 1∶3 时,其发芽率、发芽势和发芽指数依次分别为 31.22% 和 46.00%,22.67% 和 30.00%,20.12 和 25.87。从这些数据可以看出,当 Na_2CO_3 占比较多时,其种子萌发指标优于 $NaHCO_3$ 占比较多时的相应指标。且在 Na_2CO_3 和 $NaHCO_3$ 比例为 1∶2 的混合液处理下,紫花地丁种子各项指标最低。

15.2.2 碱胁迫对紫花地丁幼苗茎根比的影响

茎根比表示苗木生长的均衡程度[12]。由表 15-2 可以看出与对照组相比，在 Na_2CO_3 和 $NaHCO_3$ 混合液的处理下，除了用比例为 1∶2 混合液处理的试验组，其他 4 组处理的紫花地丁幼苗茎根比均减小，且 Na_2CO_3 和 $NaHCO_3$ 处理组 3∶1 与 1∶2 的处理组之间存在显著性差异（$P<0.05$）。5 个处理组中，紫花地丁幼苗茎根比从大到小依次为 1∶2>1∶3>1∶1>3∶1>2∶1；其中 Na_2CO_3 和 $NaHCO_3$ 比例为 1∶2 时，紫花地丁幼苗茎根比最大，为 0.66，但是茎根比大是不利于植物生长的，根茎比大说明植物生长质量低；比例为 2∶1 时，紫花地丁幼苗茎根比最小，为 0.34。

当混合液比例为 1∶1 时，紫花地丁幼苗茎根比为 0.47。在 Na_2CO_3 占比较多时，即混合液比例为 2∶1 和 3∶1 时，其茎根比分别为 0.34 和 0.42；在 $NaHCO_3$ 占比较多时，即混合液比例为 1∶2 和 1∶3 时，其茎根比分别为 0.66 和 0.50，可以看出当 Na_2CO_3 占比较多时，紫花地丁幼苗根、茎两部分生长较均衡，茎根比相对于 $NaHCO_3$ 占比较多时低。

表 15-2 Na_2CO_3 和 $NaHCO_3$ 混合液处理下紫花地丁幼苗茎根比

Na_2CO_3 和 $NaHCO_3$ 比例	茎根比
CK	0.60±0.11a
1∶1	0.47±0.15ab
1∶2	0.66±0.06a
1∶3	0.50±0.04ab
2∶1	0.34±0.05b
3∶1	0.42±0.09b

15.2.3　碱胁迫对紫花地丁幼苗叶面积的影响

幼苗叶面积的大小，也是衡量幼苗生长的一项指标，在一定范围内，叶面积越大，说明植物生长的越好，说明周围的环境有利于这种植物生长，相反，植物叶面积越小，说明周围的环境不利于该植物生长，在此环境中，植物生长受到胁迫。从表 15-3 可以看出，与对照组相比，用 Na_2CO_3 和 $NaHCO_3$ 混合液胁迫处理下的紫花地丁幼苗叶面积大幅度缩小。其中，混合液比例为 1∶1 的试验组与比例为 1∶3 的试验组之间存在显著差异（$P<0.05$）。在 5 个处理组中，紫花地丁幼苗叶面积从大到小依次为 1∶3>2∶1>1∶1>1∶2>3∶1；其中叶面积最大的为混合液 1∶3 处理组，为 24.13 mm^2，与对照组比相差 14.04 mm^2，混合液为 3∶1 处理组叶面积最小，叶面积仅为 11.20 mm²，与对照组比相差 26.97 mm²，差距十分之大。

当混合液比例为 1∶1 时，紫花地丁幼苗叶面积为 15.43 mm²。在 Na_2CO_3 占比较多时，即混合液比例为 2∶1 和 3∶1 时，其叶面积分别为 19.70 mm² 和 11.20 mm²；在 $NaHCO_3$ 占比较多时，即混合液比例为 1∶2 和 1∶3 时，其叶面积分别为 12.93 mm² 和 24.13 mm²，可以看出当 Na_2CO_3 占比较多时，紫花地丁幼苗叶片面积整体小于 $NaHCO_3$ 占比较多时叶片的面积，说明 $NaHCO_3$ 占比较多时紫花地丁幼苗叶片生长状况优于 Na_2CO_3 占比较多时叶片的生长状况。

表 15-3　Na_2CO_3 和 $NaHCO_3$ 比例混合液处理下紫花地丁幼苗叶面积

Na_2CO_3 和 $NaHCO_3$ 比例	叶面积/mm²
CK	38.17±5.15a
1∶1	15.43±2.12c
1∶2	12.93±2.35c
1∶3	24.13±5.40b
2∶1	19.70±3.94bc
3∶1	11.20±0.85c

15.2.4　碱胁迫对紫花地丁幼苗叶绿素含量的影响

叶绿素含量也是植物对抗逆境环境的一项重要指标，本试验采用 SPAD 值表示植物叶片叶绿素的相对含量。从表 15-4 可以看出，与对照组相比，这 5 组试验组的 SPAD 值呈增长趋势。其中，试验组 2∶1 和 3∶1 之间差异显著（$P<0.05$）。在这 5 个试验组中，SPAD 值由高到低依次为 3∶1>1∶1>1∶2>2∶1>1∶3；其中叶绿素含量最高的试验组为 3∶1，其 SPAD 值为 30.63，最低的是 1∶3 试验组，其 SPAD 值为 28.30。

对于试验组 SPAD 值高于对照组这种情况，经分析可能是试验的 Na_2CO_3 和 $NaHCO_3$ 浓度为 20 mmol/L，浓度较低，在浓度较低的情况下，植物体内叶绿素含量会有升高的趋势，这是植物在面对逆境环境时所做出的提高自身生长所需营养物质的方法[13]。总之，低浓度的碱性盐胁迫使紫花地丁幼苗叶绿素含量增多。

当混合液比例为 1∶1 时，紫花地丁幼苗 SPAD 值为 29.10。在 Na_2CO_3

占比较多时,即混合液比例为2∶1和3∶1时,其SPAD值分别为28.43和30.63;在NaHCO$_3$占比较多时,即混合液比例为1∶2和1∶3时,其SPAD值分别为28.80和28.30,可以看出当Na$_2$CO$_3$占比较多时,紫花地丁幼苗叶绿素含量整体高于NaHCO$_3$占比较多时的叶绿素含量,但这种差距很小。

表15-4 Na$_2$CO$_3$和NaHCO$_3$比例混合液处理下紫花地丁幼苗叶绿素含量

Na$_2$CO$_3$和NaHCO$_3$比例	叶绿素含量
CK	23.10±0.82c
1∶1	29.10±1.06ab
1∶2	28.80±0.95ab
1∶3	28.30±0.62b
2∶1	28.43±1.80b
3∶1	30.63±1.47a

15.3 结论与讨论

种子萌发是植物发育的起始阶段。正常的种子萌发不仅取决于自身条件,还与各种环境条件等密切相关[9,14]。Na$_2$CO$_3$和NaHCO$_3$是碱性盐,在土壤中通常相伴存在,盐碱土会影响植物的生长发育。郑译儒等[14]研究表明在Na$_2$CO$_3$和NaHCO$_3$胁迫下碱茅和披碱草种子发芽率、发芽势和发芽指数都呈降低趋势。本试验中,在Na$_2$CO$_3$和NaHCO$_3$胁迫下,紫花地丁种子相应指标也呈降低趋势,同时萌发结束时间提前。且当Na$_2$CO$_3$占比较多时,其种子萌发指标优于NaHCO$_3$占比较多时的相应指标,其中Na$_2$CO$_3$和NaHCO$_3$混合液比例为2∶1时,紫花地丁种子发芽率和发芽指数最高,混合液比例为1∶1时的种子的发芽势最高。说明在Na$_2$CO$_3$和NaHCO$_3$混合液的胁迫下紫花地丁种子发芽率被抑制,碱胁迫使种子活力降低。

Na$_2$CO$_3$和NaHCO$_3$混合液对紫花地丁幼苗形态指标作用不同,总的来说,与对照组相比,Na$_2$CO$_3$和NaHCO$_3$混合液的胁迫使紫花地丁幼苗茎根比减小,这说明碱胁迫在一定程度上可减小植物茎根比,有利于苗木生长平衡,发达植物根系,使植物更好地吸收营养物质和水分,增强植物对逆境的抗性。紫花地丁幼苗茎根比除1∶2试验组有所增大,其他4个试验组幼苗茎根比都呈减小趋势,对于这一情况,可能是试验天数较少、重复组较少的原因，也有可能是1∶2试验组的环境不适于紫花地丁生长，这需要进一步证明。当Na_2CO_3占比较多时，紫花地丁幼苗茎根比相对较小，当混合液比例为2∶1时，茎根比最小。

紫花地丁幼苗的叶片在胁迫条件下的生长状况相对于对照组植株矮小，叶片小，其叶面积在胁迫条件下明显小于对照组。但在胁迫条件下紫花地丁叶绿素含量高于对照组，但各处理组之间叶绿素含量差别不大。

综上所述，在碱胁迫条件下，紫花地丁幼苗虽然在形态上由于外界环境不能得到很好的发育，但是为了更好地生长，也为了更好地获得营养物质，它们通过增加自身叶绿素含量而获得对自身生长有益的物质，包括加大根部的伸长，减小茎的生长，减小一些不必要的能量的耗费。当Na_2CO_3占比较多时，紫花地丁的各项指标综合优于$NaHCO_3$占比较多时的各项指标。其中Na_2CO_3和$NaHCO_3$之比为2∶1时，紫花地丁生长状况最好，比例为1∶2时，紫花地丁生长情况最差。

研究结果表明，紫花地丁在含有Na_2CO_3和$NaHCO_3$的盐碱土壤上可以生长，只要加强管理，在城市绿化规划中，可以将紫花地丁作为绿化植物，以达到提高土地利用效率的目的。

参考文献

[1] 韩晓，王凯元，尹昭霞．高台县盐碱地初步治理浅析［J］．甘肃农业，2011（2）：29-31，33.

[2] 高昆，韦加幸．NaCl胁迫对锦灯笼种子萌发和幼苗生理特征的影响［J］．种子，2021，40（1）：119-123.

[3] 申若禹．大同市不同类型土壤有机质含量空间变异性分析［D］．太谷：山西农业大学，2019.

[4] 于莹，吴广文，黄文功，等．2个亚麻品种萌发期耐盐碱性比较研究［J］．中国麻业科学，2013，35（3）：139-143.

[5] 于金平，任全进．凉血消肿的紫花地丁［J］．园林，2003（9）：60-61.

[6] 刘玉艳，于凤鸣，曹慧颖，等．盐胁迫对紫花地丁种子萌发的影响［J］．北方园艺，2011（5）：82-84.

[7] 刘玉艳，于凤鸣，曹慧颖，等．盐胁迫对紫花地丁植株生长及生理特性的影响［J］．西北林学院学报，2011，26（3）：36-40.

[8] 徐本美,孙运涛,孙超,等.紫花地丁种子的萌发性状及其栽培繁殖[J].种子,2003(5):25-26,29,130.

[9] 高昆,柳晓春.Na_2SO_4胁迫对紫苏种子萌发及幼苗生理特性的影响[J].天津农业科学,2020,26(11):23-27.

[10] 姜智超,王作日,徐莹,等.UV-C辐射对玉米种子萌发及幼苗生长的影响[J].分子植物育种,2018,16(10):3312-3316.

[11] 黄光群,黄晶,张阳,等.沼渣好氧堆肥种子发芽指数快速预测可行性分析[J].农业机械学报,2016,47(5):177-182.

[12] 刘正民,郭素娟,秦天天,等.板栗1a实生苗对农林废弃物堆肥的生长响应[J].中南林业科技大学学报,2015,35(10):62-68.

[13] 夏阳,孙明高,李日雷,等.盐胁迫对四园林绿化树种叶片中叶绿素含量动态变化的影响[J].山东农业大学学报(自然科学版),2005(1):30-34.

[14] 郑译儒,赵俊超,龚束芳,等.Na_2CO_3和$NaHCO_3$胁迫对碱茅和披碱草种子萌发、幼苗生长和生理指标的影响[J].中国科学院大学学报,2021,38(2):228-239.

16 铜胁迫对粉葛幼苗生长及生理指标的影响

铜作为植物体内的微量营养元素之一,对植物进行正常的生命活动是十分重要的[1],铜也构成了某些金属蛋白酶,参加植物很多的生物反应[2],但铜过量会破坏细胞膜结构和功能,抑制植物的抗氧化物酶系统和植物的光合作用[3],从而导致植物的生物量减少、生长发育遭到妨碍,严重会引起萎黄病和坏死[4]。除此之外,含量过高的铜还会对植物矿质营养元素的吸收和运输造成一定的影响[5]。在韦美玉、熊思、董丽欣等的研究中发现,低浓度 $CuSO_4$ 对芹菜、玉米幼苗、年幼的苹果树的正常生长发育具有积极的影响,而高浓度 $CuSO_4$ 对它们会产生一定的阻碍作用,进而导致它们的质量和产量下降[6-8]。

在现今的生活中,铜的使用量越来越大,导致了铜污染物排放也越来越多,铜已经成为了影响生态环境的元素之一[9]。根据 2014 年《全国土壤污染调查公报》[10]的报道显示,铜是耕地和金属冶炼工业园区及其周边土壤的主要污染物[11]。一般情况下,土壤中铜的总含量为 15~40 mg/kg,但当土壤中铜的总含量为 150~400 mg/kg,会给植物带来毒害作用[6]。

葛(*Pueraria lobata*)是多年生豆科(Leguminosae)藤本植物,主要分布于热带和温带,中国拥有丰富的葛属植物种质资源,约有 9 个种、2 个变种,其中野葛[*Pueraria lobata* (*Willd.*) Ohwi]和粉葛[*Pueraria lobata* (*Willd.*) Ohwi var. *thomsonii* (Benth.) Vaniot der Maesen]在中国的开发应用最广,分布也最广[12]。葛的各部分均具有使用价值,葛的根、叶、花都可以入药,葛根还可以被开发为保健食品;葛藤纤维可用于织物与造纸;葛叶可被用作天然的优质饲料。除此之外,葛还具有保持和改良水土的生态作用[12-13]。并且在本次新冠疫情中,葛根汤颗粒在预防以及早期治疗过程中发挥了重要作用。

本试验选用的葛品种是粉葛(*P. thomsonii* Benth),它的叶呈绿色,块根比较粗大、形状类似长棒形或纺锤形[14]。粉葛适合生长在相对温暖、湿润的气候，能抵抗一定程度的寒冷和干旱[15]。它的适应性也比较广，病虫害也相对较少，在大多数土壤中均可栽培，但黏土与碱性土除外[15]。粉葛的主要利用部位是根部，即葛根。葛根的地上部分含有葛根素[16]，在临床上被大量应用，可用于治疗冠心病、偏头痛等[17]。研究表明，葛根可以使心率减慢，血压降低[18]，还可以使脑血管扩张，改善大脑供氧[19]。除此之外，葛根也能够使脑微循环障碍得到改善，降低血脂，调节血糖[20]。

近些年来，葛在发掘种质资源、改善栽培技术以及临床应用等方面的研究颇多，还未见重金属胁迫对葛幼苗生长和生理特性的影响方面的报道。本试验研究铜胁迫时对粉葛生长及其生理指标的影响，以期为葛根安全规范种植和保证药材的品质提供一定的理论根据。

16.1 材料与方法

16.1.1 材料

本试验所选用的粉葛幼苗购买于广西藤县绿州农业发展有限公司，所购的幼苗带有一部分根和叶。

16.1.2 方法

16.1.2.1 粉葛幼苗的栽培

挑选粗细一致且无病虫害的粉葛幼苗，先用自来水冲洗至洁净，然后置于装有常温自来水的透明玻璃瓶中培养 5 d，进行缓苗。

16.1.2.2 粉葛幼苗的铜胁迫

Cu^{2+} 以 $CuSO_4 \cdot 5H_2O$ 的形式提供，选取生长势基本一致的粉葛幼苗，并将其分成 5 组，每组 3 瓶，每瓶 2 株，5 组分别如下：

处理①——对照（不施 $CuSO_4$ 溶液）；

处理②——施 0.01 mg/L $CuSO_4$ 溶液；

处理③——施 0.03 mg/L $CuSO_4$ 溶液；

处理④——施 0.06 mg/L $CuSO_4$ 溶液；

处理⑤——施 0.1 mg/L $CuSO_4$ 溶液；

处理②~⑤各添加 100 mL 上述浓度的 $CuSO_4$ 溶液，处理①添加 100 mL 的蒸馏水作为对照。每瓶上做好溶液体积的刻度标记，胁迫处理期间，若溶液体积低于刻度线,则需要及时添加适量的蒸馏水以补充损失的水分,保持铜离子浓度恒定。在铜胁迫0 d、3 d、6 d、9 d、12 d时,对5组分别取样测定。

16.1.2.3 形态观察

观察并记录各组粉葛幼苗铜胁迫处理12 d后叶片的形态特征,并将铜胁迫对粉葛幼苗的影响程度分为5个级别:

1级——叶尖、叶缘焦枯并有小部分叶脱落;
2级——叶尖、叶缘变黄;
3级——生长正常(无叶尖、叶缘变黄和叶片脱落现象);
4级——小部分叶片舒展、叶色浓绿;
5级——大部分叶片舒展、叶色浓绿。

16.1.2.4 测定生长指标

叶长、叶宽的增长率:各组随机选取3株幼苗,在铜胁迫0 d、3 d、12 d时,用直尺测定同一叶位同一叶片的叶长、叶宽(精确到0.1 cm),并计算增长率(A),计算方法按潘雪峰[21]的方法测定,方法如下:

$$A = \frac{D-C}{C} \times 100\%$$

式中:A为叶长(或叶宽)的增长率;C为铜胁迫0 d时的叶长(或叶宽);D为铜胁迫3 d、12 d的叶长(或叶宽)。

16.1.2.5 测定各项生理指标

各组随机摘取粉葛幼苗长势相近的叶片,然后测定各项生理指标。处理①~⑤各重复3次,各指标及其测定的方法如下:

(1) 在铜胁迫3 d、6 d、9 d、12 d后用SPAD-502PLUS叶绿素计测定叶片铜胁迫下的SPAD值;

(2) 在铜胁迫12 d后按照考马斯亮蓝G-250染色法测定可溶性蛋白质含量[22];

(3) 在铜胁迫12 d后采用硫代巴比妥酸法测定MDA含量和可溶性糖含量[23];

(4) 在铜胁迫12 d后采用电导仪法[24]测定膜的相对透性。

16.1.2.6 数据处理

用SPSS 19.0进行显著性分析,用Excel 2010进行绘图。

16.2 结果与分析

16.2.1 铜胁迫对粉葛幼苗外观形态的影响

由表 16-1 可知，铜离子浓度不同，对粉葛幼苗生长形态的影响有所不同，其中 0.01 mg/L 和 0.03 mg/L 浓度下，粉葛幼苗叶片的外观形态良好，而 0.06 mg/L 和 0.1 mg/L 浓度下，粉葛幼苗叶片的外观形态与对照组相比较差。

表 16-1　不同浓度铜离子对粉葛幼苗叶片的影响程度及叶片症状

Cu^{2+}浓度/（mg/L）	叶片症状	等级
0	生长正常	3
0.01	小部分叶片舒展、叶色浓绿	4
0.03	大部分叶片舒展、叶色浓绿	5
0.06	叶尖、叶缘变黄	2
0.1	叶尖、叶缘焦枯并有小部分叶脱落	1

16.2.2 铜胁迫对粉葛幼苗生长指标的影响

由图 16-1 可知，粉葛幼苗叶片的叶长增长率表现出先升高后下降的趋势，并且在高浓度铜离子处理的条件下，时间越长，浓度越大，叶长增长率下降越明显，处理②~⑤组与对照组均形成极显著差异（$P<0.01$）。在处理 3 d 时，处理③的粉葛幼苗叶片的叶长增长率达到最大值，为 8.33%，而处理⑤的叶长增长率降至最低，为 6.80%。在处理 12 d 时，粉葛幼苗叶片的叶长增长率在处理③和处理⑤条件下，分别达到最大和最小值，分别为 8.54%、6.67%。当施用的铜离子浓度低于 0.03 mg/L 时，处理 12 d 的叶长增长率均高于 3 d，而当施用的铜离子浓度高于 0.03 mg/L 时，处理 12 d 的叶长增长率均低于 3 d。由表 16-2 可知，处理天数和处理浓度之间存在互作，浓度的作用效果十分显著，而天数的作用并不明显。处理 12 d 并且处理浓度为 0.03 mg/L 的条件对粉葛幼苗的促进效果最明显，而在处理 12 d 且外施铜离子浓度为 0.1 mg/L 时，对粉葛幼苗的抑制作用最显著。这说明，

低浓度铜离子会促进粉葛幼苗的生长,而高浓度铜离子则会抑制其生长。

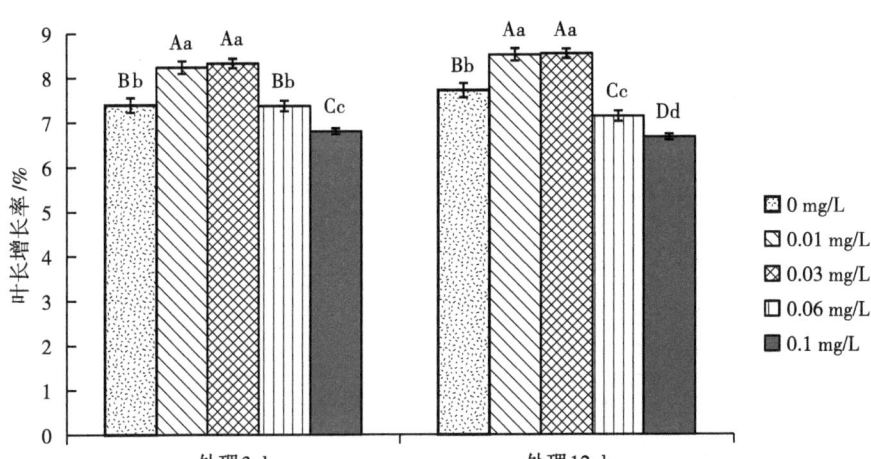

图 16-1 不同浓度铜离子对粉葛幼苗叶长增长率的影响

表 16-2 主体间效应的检验因变量：叶长

源	Ⅲ型平方和	df	均方	F	Sig.
浓度	12.911	4	3.228	188.862	0.000
天数	0.061	1	0.061	3.555	0.074
浓度×天数	0.391	4	0.098	5.716	0.003
误差	0.342	20	0.017		
总计	1 778.418	30			

由图 16-2 可知,粉葛幼苗叶片的叶宽增长率呈先上升后下降的趋势,并且在高浓度铜离子处理的条件下,时间越长,浓度越大,叶宽增长率下降并不明显,各组与对照组均形成极显著差异（$P<0.01$）。在处理 3 d 时,处理③的粉葛幼苗叶片的叶宽增长率达到最大值,为 8.76%,而处理⑤的叶宽增长率降至最低,为 7.66%。在处理 12 d 时,粉葛幼苗叶片的叶宽增长率在处理③和处理⑤条件下,分别达到最大和最小值,分别为 8.83%、7.64%。在铜离子浓度低于 0.03 mg/L 时,处理 12 d 的叶宽增长率均高于 3 d,而当铜离子浓度高于 0.03 mg/L 时,处理 12 d 的叶宽增长率与处理 3 d 相差不大,并无显著差异。根据表 16-3 可知,浓度和天数之间存在互作,

浓度和天数的作用效果均比较显著。处理12 d并且处理浓度为0.03 mg/L的条件对粉葛幼苗的促进效果最明显，而在处理12 d且外施铜离子浓度为0.1 mg/L时，对粉葛幼苗的抑制作用最显著。这说明铜胁迫对粉葛幼苗的生长具有低促高抑的作用。

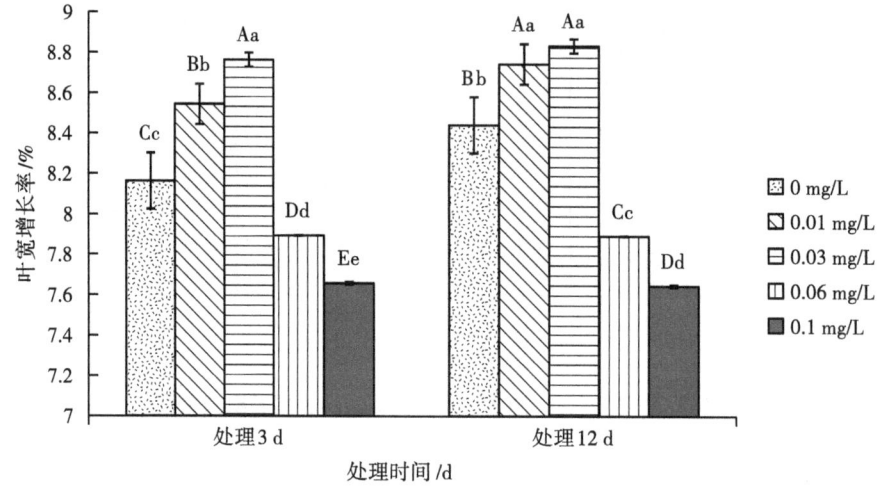

图 16-2 不同浓度铜离子对粉葛幼苗叶宽增长率的影响

表 16-3 主体间效应的检验因变量：叶宽

源	Ⅲ型平方和	df	均方	F	Sig.
浓度	5.677	4	1.419	271.552	0.000
天数	0.084	1	0.084	16.123	0.001
浓度×天数	0.098	4	0.025	4.696	0.008
误差	0.105	20	0.005		
总计	2 051.306	30			

16.2.3 铜胁迫对粉葛幼苗生理指标的影响

16.2.3.1 对粉葛幼苗 SPAD 值的影响

SPAD值能够用来反映粉葛幼苗叶片的叶绿素含量。由图16-3可知，在施用低浓度铜离子的条件下，SPAD值随着时间的延长呈上升趋势，而在高浓度铜离子处理条件下，SPAD值则随着时间的增加表现出下降趋势，并且时间越长,浓度越大,下降程度越明显。在处理②和处理③中,时间越长,SPAD值越大,且均与对照组(处理①)形成极显著差异($P<0.01$),处理③比处理②增加的程度更大。在处理②中,SPAD值升至最高为46.87,在处理③中,SPAD值升至最高为48.63。在处理④和处理⑤中,随着时间的增加,SPAD值表现出下降的趋势,并且两个处理组均与对照呈极显著差异($P<0.01$)。在处理④中,SPAD值降至36.53,达到最小值,处理⑤中的SPAD值均低于处理④,并且最小值为33.60。根据表16-4可知,处理浓度和处理天数之间存在互作,并且浓度和天数的作用效果均十分显著。在处理12 d并且处理浓度为0.03 mg/L的条件下,粉葛幼苗的SPAD值增幅最明显,而在处理12 d且外施铜离子浓度为0.1 mg/L时,粉葛幼苗的SPAD值的降低最显著。这说明,粉葛幼苗能抵抗一定浓度的铜胁迫,但超过一定限度后,SPAD值会出现下降,即叶绿素含量下降。

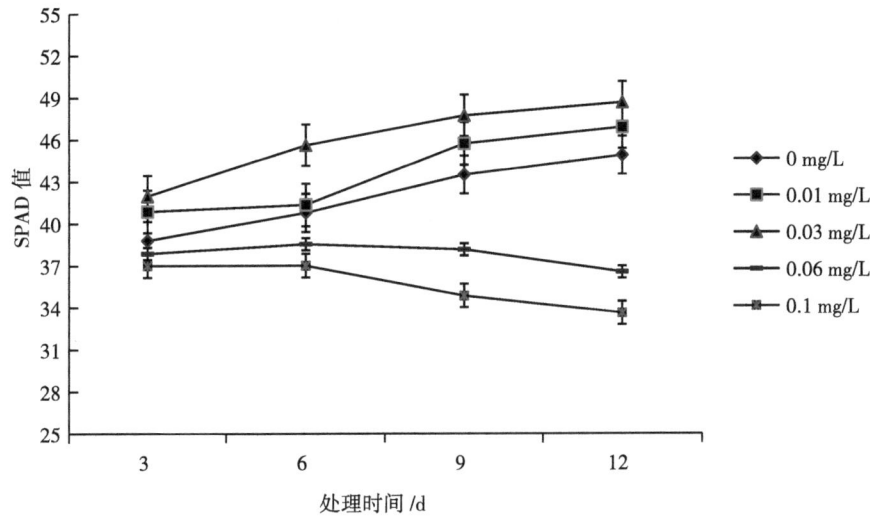

图 16-3 不同浓度铜离子对粉葛幼苗 SPAD 值的影响

表 16-4 主体间效应的检验因变量:SPAD

源	Ⅲ型平方和	df	均方	F	Sig.
浓度	869.649	4	217.412	192.372	0.000
天数	77.389	3	25.796	22.825	0.000
浓度×天数	182.995	12	15.250	13.493	0.000

（续表）

源	Ⅲ型平方和	df	均方	F	Sig.
误差	45.207	40	1.130		
总计	102 051.640	60			

16.2.3.2 对粉葛幼苗可溶性蛋白含量的影响

由图 16-4 可知，粉葛幼苗叶片中可溶性蛋白质的含量会随着 Cu^{2+} 浓度的增加而表现出先增加后下落的趋势，并且与对照组形成极显著差异（$P<0.01$），处理②与处理③的增幅并没有明显差异。处理②~⑤可溶性蛋白的含量分别为 16.43 mg/g、17.13 mg/g、13.90 mg/g、13.16 mg/g，并且在 0.03 mg/L 铜离子处理条件下，粉葛幼苗叶片的可溶性蛋白质含量达到最大，与对照相比升高了 13.57%，而在 0.1 mg/L 铜离子处理条件下，可溶性蛋白质含量降至最小值，比对照组降低了 12.73%。这说明，低浓度 Cu^{2+} 可以提高粉葛幼苗中可溶性蛋白质的含量，而高浓度 Cu^{2+} 会使粉葛幼苗中的可溶性蛋白质的含量出现下降的情况。

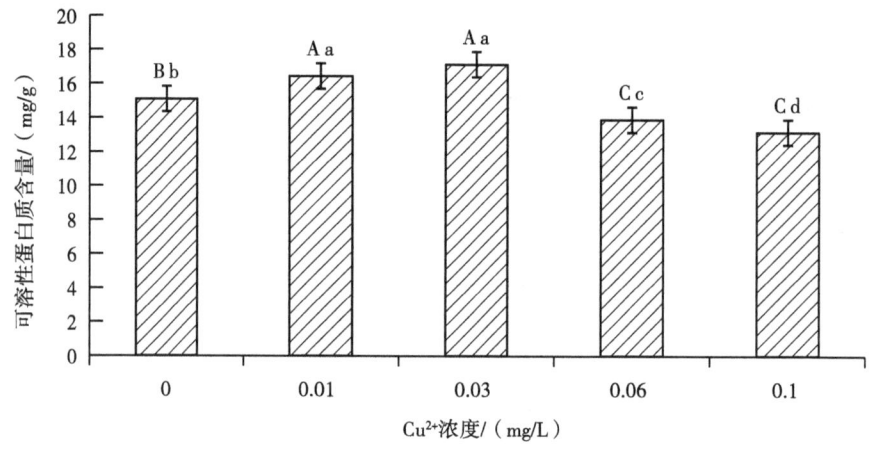

图 16-4 不同浓度铜离子对粉葛幼苗可溶性蛋白质含量的影响

16.2.3.3 粉葛幼苗丙二醛（MDA）、膜相对透性的变化

由图 16-5 可知，粉葛幼苗叶片中的 MDA 会随着 Cu^{2+} 浓度的升高而表现上升趋势，其中处理②、处理③与对照组之间没有形成显著差异（$P>0.05$），处理④和处理⑤与对照组差异极显著（$P<0.01$），处理④与处理

⑤之间没有很明显的差别。在外施的铜离子浓度为 0.1 mg/L 时，粉葛幼苗叶片的 MDA 含量升到最高，并且比对照组提高了 31.18%。这说明，外施铜离子会使粉葛幼苗叶片的 MDA 含量提高，并且铜离子浓度越大，MDA 含量的提高，从一定程度上反映了细胞膜的受害程度。

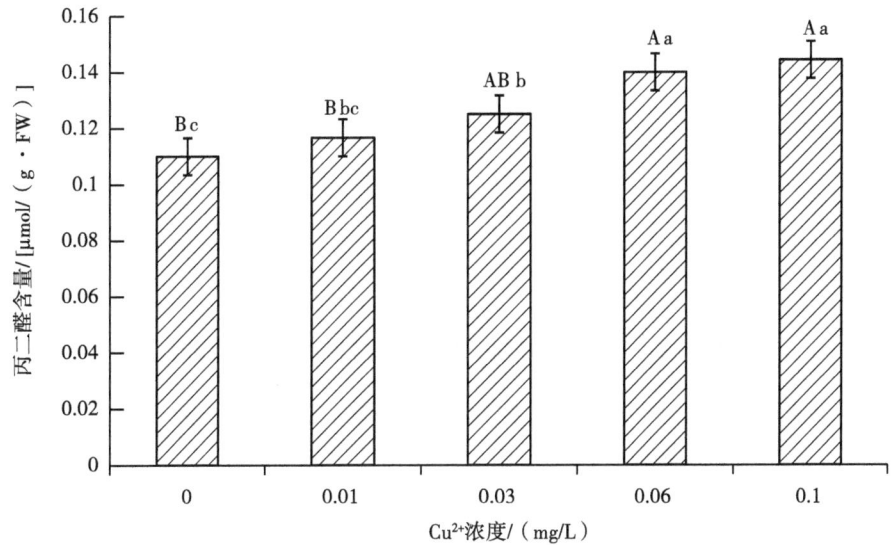

图 16-5　不同浓度铜离子对粉葛幼苗丙二醛含量的影响

膜的透性可以用电导率来反映[33]。图 16-6 反映出，粉葛幼苗叶片的相对电导率表现出升高的趋势，其中处理②与对照组（处理①）之间没有形成显著差异（$P>0.05$），处理③~④组均与对照呈极显著差异（$P<0.01$），各组之间均有明显的差别。在处理⑤时，相对电导率上升到最大，为 29.61%，比对照组提高了 181.73%。这说明，高浓度铜离子会损伤粉葛幼苗的细胞膜。

16.2.3.4　对粉葛幼苗糖含量的影响

从图 16-7 可以得到，随着铜离子浓度增大，粉葛幼苗叶片中的可溶性糖含量逐渐攀升，铜离子浓度达到 0.1 mg/L 时，增幅最明显，处理②、处理③与对照组形成的差异并没有那么显著（$P>0.05$），处理④与对照组形成了较为显著的差异（$P<0.05$），处理⑤则与对照组形成了极显著差异（$P<0.01$）。处理②~⑤可溶性糖的含量分别为 0.38 μmol/（g·FW）、0.40 μmol/（g·FW）、0.44 μmol/（g·FW）、0.60 μmol/（g·FW），相对于对

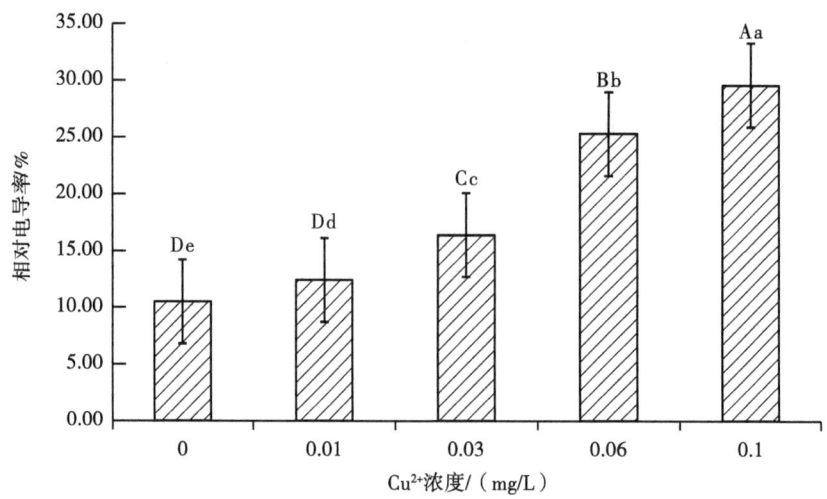

图 16-6　不同浓度铜离子对粉葛幼苗相对电导率的影响

照组（处理①）分别增加了 5.04%、12.89%、22.97%、68.52%。这说明铜离子浓度高低会影响粉葛幼苗中可溶性糖的含量。

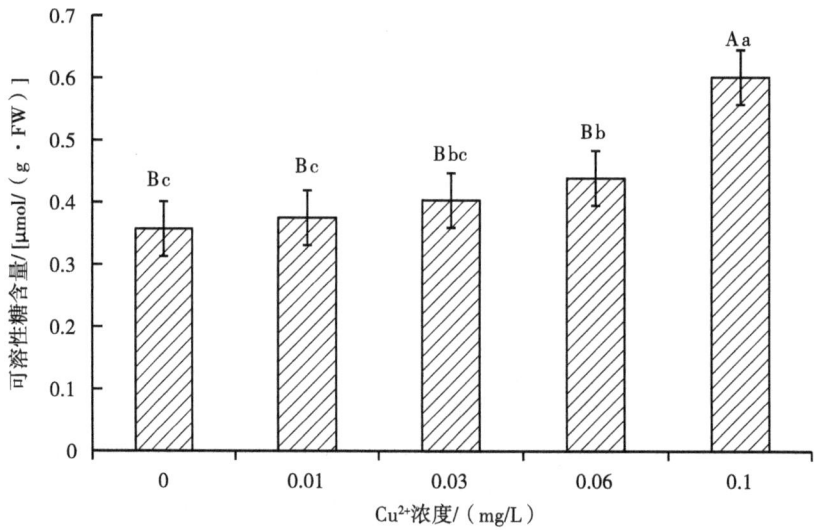

图 16-7　不同浓度铜离子对粉葛幼苗可溶性糖含量的影响

16.3 结论与讨论

重金属的毒害作用会导致植物体内的生命活动发生混乱,从而阻碍植物的生长,严重会引起死亡。然而,大部分植物都会对重金属的毒害作用表现出应激保护效应,如植物具备的细胞渗透调节机制[26],提供重金属离子的附着位点[4],液泡隔离、吸收重金属离子[4]等。铜离子在不同植物中的含量不同,粉葛中铜含量为 0.03 mg/L[27]。

本研究发现,粉葛幼苗在低浓度铜离子条件下 (0.01 mg/L 和 0.03 mg/L),叶片长势好,叶色浓绿,然而,随着铜离子浓度的增加叶尖、叶缘逐渐变黄、焦枯,甚至有一小部分脱落死亡。除此之外,本研究还发现,随着铜离子浓度的逐渐上升,粉葛幼苗叶片的叶长和叶宽增长率均呈现出先升后降的趋势,这与潘雪峰等[21]、赵艳等[28]、周娜娜等[29]的研究结果一致,并且在铜离子浓度达到 0.03 mg/L 时,叶长和叶宽的增长率均达到最大值。这可能是由于在低浓度铜离子处理条件下,激活了粉葛幼苗的抗逆性反应,从而促进了其叶片的生长,而高浓度的铜离子会使植物体内的代谢紊乱,从而阻碍了叶片的生长。

根据乔润雨等[30]、宋慧等[31]的报道显示,用 SPAD 值来反映不同蔬菜和甜瓜幼苗不同位置叶片的叶绿素含量是可靠的,两者之间表现有正相关性[32],并且方法操作简单。本研究发现,低浓度铜离子处理条件下,SPAD 值随着时间的延长而逐渐上升,但是,在施用高浓度铜离子的情况下,SPAD 值则会随着时间的增加而逐渐下降,并且时间越长,浓度越大,下降越明显。这说明,低浓度铜离子会促进叶绿素含量的增加,而高浓度铜离子则会降低叶绿素含量。这可能是由于铜是电子传递链中的质体蓝素的组成成分[33],并且少量的铜离子有助于叶绿素的合成。但是,铜离子不是越多越好,铜离子浓度过高一方面会引起铜离子替代叶绿素中的镁离子,从而阻碍了叶绿素的合成,另一方面也会破坏叶绿体的结构,影响类囊体膜的组成和光系统之间的协调功能,最终妨碍了光合作用的进行[26]。

本研究发现,粉葛幼苗叶片中的可溶性蛋白质含量在低浓度铜离子条件下有所增加,而在高浓度铜离子处理条件下则显著下降,这与朱健等[34]的研究结果一致。表现出这种趋势的原因可能是在粉葛幼苗体内产生了一些抵抗逆境胁迫的蛋白,使得可溶性蛋白质含量升高。然而,铜离子的积累会阻碍蛋白质的正常合成,最终导致可溶性蛋白质的含量出现降低的情况。

膜脂过氧化作用的产物主要是MDA[35]。用电导率来反映质膜透性也是可靠的，它们之间表现有一定的正相关。因此，以上两种方法均可以用来衡量粉葛幼苗细胞膜受铜胁迫伤害的程度。本研究发现，无论是丙二醛含量还是相对电导率都在逐渐上升，与赵淑玲等[33]、马晓华等[26]的研究结果一致。这可能是由于铜胁迫造成粉葛幼苗细胞膜受到破坏，从而造成丙二醛含量增加，与此同时，膜的透性程度增加，引起一些电解质向胞外渗出，相对电导率也相应增大。

可溶性糖是植物在逆境条件下为保护细胞的渗透调节物质[35]。本次的研究发现，可溶性糖的含量会随着铜离子浓度的不断增大而逐渐升高，这可能是由于粉葛幼苗为提升细胞的渗透调节能力而采取的一种手段。

综上所述，铜胁迫会影响粉葛幼苗的生长及生理指标，铜离子浓度低时，会促进粉葛幼苗的生长及生理响应，而高浓度的铜离子会使叶绿素和可溶性蛋白的含量出现降低的情况，电解质也易向胞外渗出，同时产生了MDA和可溶性糖，从而阻碍了粉葛幼苗的正常生长发育。

参考文献

[1] 李茌茌，赵明柳，董海霞，等．生物炭对铜污染土壤的修复及水稻Cu累积的影响［J］．生态与农村环境学报，2020，36（9）：1210-1217.

[2] 公勤，康群，王玲，等．重金属铜对植物毒害机理的研究现状及展望［J］．南方农业学报，2018，49（3）：469-475.

[3] 公勤，王玲，戴同威，等．铜处理对菠菜幼苗矿质营养吸收和细胞超微结构的影响［J］．应用生态学报，2019，30（3）：941-950.

[4] 林爱军，王凤花，谢文娟，等．土壤铜污染对植物的毒性研究进展［J］．安徽农业科学，2011，39（35）：21740-21742，21847.

[5] 朱成豪，唐健民，高丽梅，等．重金属铜、锌、镉复合胁迫对麻疯树幼苗生理生化的影响［J］．广西植物，2019，39（6）：752-760.

[6] 董丽欣，李保国，齐国辉，等．土壤铜、硫污染对苹果幼树生长发育的影响［J］．水土保持学报，2011，25（6）：198-201，206.

[7] 韦美玉，刘丽萍．铜污染对芹菜生长及生理特性的影响［J］．北

方园艺,2011(9):33-36.
- [8] 熊思,林爱军,宋亮,等.铜污染对玉米幼苗的毒性及其机制研究[J].北京化工大学学报(自然科学版),2013,40(6):82-87.
- [9] 许志敏,刘燕珍,陈琳,等.铜锌复合胁迫对8种观赏草种子萌发特性及幼苗生长的影响[J].河南农业科学,2020,49(3):129-137.
- [10] 全国土壤污染状况调查公报(2014年4月17日)[J].环境教育,2014(6):8-10.
- [11] 张黛静,杨惠荔,马建辉,等.外源Si、NO对铜胁迫下小麦幼苗根系生长及光合作用的影响[J].河南农业科学,2019,48(12):37-43.
- [12] 梁洁,李琳,唐汉军.葛的功能营养特性与开发应用现状[J].食品与机械,2016,32(11):217-224.
- [13] 丁艳芳.葛藤的价值及其开发前景[J].西北林学院学报,2003,18(3):86-89.
- [14] 王婷,胡亮,李桂花.优质粉葛栽培技术[J].北方园艺,2011(6):62-63.
- [15] 胡晓鹏,胡海强,郑云.葛根高产栽培技术[J].现代农业科技,2009(13):129.
- [16] 王允亮,叶杨,程佳伟,等.葛根素和小檗碱联合用药干预NASH细胞模型的试验研究[J].中国中西医结合消化杂志,2015,23(5):321-326.
- [17] 杨晓春,宛晓春,万平,等.葛根的研究及其开发前景[J].林业科技通讯,1996(1):16-17.
- [18] 丁友芳,张晓霞,史玲玲,等.葛根净光合速率日变化及其与环境因子的关系[J].北京林业大学学报,2010,32(5):132-137.
- [19] 魏立明.三种中药制剂对卡马西平药动学及药效学的影响研究[D].甘肃:兰州大学,2013.
- [20] 杨永红,韦建荣,李崇兴,等.葛根研究进展[J].中兽医医药杂志,2008(3):71-74.
- [21] 潘雪峰,李明,赵盼,等.铜胁迫对穿心莲幼苗生长及生理特

性的影响 [J]. 植物科学学报, 2015, 33 (2): 218-225.

[22] 陈明涛, 赵忠, 权金娥. 干旱对 4 种苗木根尖可溶性蛋白组分和含量的影响 [J]. 西北植物学报, 2010, 30 (6): 1157-1165.

[23] 何天友, 于增金, 沈少炎, 等. 花吊丝竹对干旱胁迫的光合和生理响应 [J]. 森林与环境学报, 2020, 40 (1): 68-75.

[24] 石贵玉, 梁士楚, 黄雅丽, 等. 互花米草幼苗对重金属镉胁迫的生理响应 [J]. 广西植物, 2013, 33 (6): 812-816.

[25] 陈祥伟, 刘才, 王恩姮. Ca^{2+} 和 K^+ 对紫椴叶片渗透调节指标的影响 [J]. 东北林业大学学报, 2007 (7): 1-3.

[26] 马晓华, 张旭乐, 钱仁卷, 等. 镉与铜胁迫下无柄小叶榕的生理响应 [J]. 森林与环境学报, 2019, 39 (2): 194-200.

[27] 袁鹏. 粉葛组织培养及其铜、铅、镉含量研究 [D]. 成都: 西南交通大学, 2011.

[28] 赵艳, 徐迎春, 柴翠翠, 等. 铜胁迫对狭叶香蒲生长及生理特性的影响 [J]. 广西植物, 2010, 30 (3): 367-372.

[29] 周娜娜, 武耀廷, 高华援, 等. 铜胁迫对花生幼苗生长及生理代谢的影响 [J]. 东北农业科学, 2019, 44 (6): 6-9.

[30] 乔润雨, 刘文锋, 刘泽群, 等. 绿色蔬菜叶片叶绿素含量与 SPAD 值相关性研究 [J]. 国土与自然资源研究, 2018 (1): 80-82.

[31] 宋慧, 黄芸萍, 臧全宇, 等. 甜瓜幼苗不同叶位 SPAD 值与叶绿素含量的变化规律及相关性 [J]. 华北农学报, 2019, 34 (S1): 99-104.

[32] 田发祥, 谢运河, 柳赛花, 等. 不同氮肥抑制剂对湖南早稻生产的影响 [J]. 湖南农业科学, 2018 (11): 46-49.

[33] 赵淑玲, 王瀚, 王让军, 等. Cu^{2+} 胁迫对花椰菜种子的萌发及幼苗生理特性的影响 [J]. 北方园艺, 2017 (5): 16-20.

[34] 朱健, 张志红, 范菲菲, 等. 铜胁迫对海菜花幼苗生理特征的影响 [J]. 江苏农业学报, 2015, 31 (4): 883-886.

[35] 张志雯, 秦素平, 陈于和, 等. 硅对铬、铜胁迫下小麦幼苗生理生化指标的影响 [J]. 华北农学报, 2014, 29 (S1): 229-233.

附录　植物名称及拉丁名检索

阿尔泰银莲花 Anemone altaica，P52
白花前胡 Peucedanum praeruptorum，P96
白桦 Betula platyphylla，P4
白皮松 Pinus bungeana，P53
白首乌 Cynanchum bungei，P53
白羊草 Bothriochloa ischaemum，P4
白芷 Angelica dahurica，P52
百里香 Thymus mongolicus，P53
败酱 Patrinia scabiosaefolia，P52
板蓝根 Isatis indigotica，P60
薄荷 Mentha haplocalyx，P52
北柴胡 Bupleurum chinense，P54
北京丁香 Syringa pekinensis，P15
北京花楸 Sorbus discolor，P15
北马兜铃 Aristolochia contorta，P53
扁蓄 Polygonum aviculare，P51
冰草 Agropyron cristatum，P39
播娘蒿 Descurainia sophia，P51
糙苏 Phlomis umbrosa，P54
糙叶五加 Acanthopanax henryi，P15
草乌头 Aconitum kusnezoffii，P38
侧柏 Platycladus orientalis，P4
茶条槭 Acer ginnala，P44
柴胡 Bupleurum chinense，P46
稠李 Padus racemosa，P15

川贝母 Fritillaria cirrhosa，P53
穿龙薯蓣 Dioscorea nipponica，P53
刺五加 Acanthopanax senticosus，P52
葱皮忍冬 Lonicera ferdinandii，P40
打碗花 Calystegia hedracea，P52
大果榆 Ulmus macrocarpa，P15
大叶三七 Panax pseudo-ginseng，P54
丹参 Salvia miltiorrhiza，P60
党参 Codonopsis pilosula，P60
地丁草 Corydalis bungeana，P53
地稍瓜 Rhodostegiella thesioides，P52
地榆 Sanguisorba officinalis，P52
杜梨 Pyrus betulifolia，P44
翻白草 Potentilla discolor，P53
防风 Saposhnikovia divaricata，P60
粉条儿菜 Aletris spicata，P54
风轮菜 Clinopodium chinese，P53
风毛菊 Saussurea davidii，P39
甘草 Glycyrrhiza uralensis，P60
杠柳 Periploca sepium，P54
葛 Pueraria lobata，P86
枸杞 Lycium chinense，P52
瓜蒌（栝楼）Trichosanthes kirilowii，P60
旱金莲 Tropaeolum majus，P144

红桦 *Betula albo-sinensis*，P53
红蓼 *Polygonum orientale*，P54
虎榛子 *Ostryopsis davidiana*，P41
花椒 *Zanthoxylum bungeanum*，P53
花楸 *Sorbus pohuashanensis*，P53
华山松 *Pinus armandi*，P53
华中五味子 *Schisandra sphenanthera*，P53
黄檗 *Phellodendron amurense*，P52
黄刺玫 *Rosa xanthina*，P4
黄花铁线莲 *Clematis intricata*，P53
黄芪 *Astragalus membranaceus* var. *mongholicus*，P60
黄芩 *Scutellaria baicalensis*，P60
灰绿藜 *Chenopodium glaucum*，P51
灰栒子 *Cotoneaster acutifolius*，P15
蒺藜 *Tribulus terrestris*，P52
尖叶假龙胆 *Gentianella acuta*，P52
金花忍冬 *Lonicera chrysantha*，P15
金莲花 *Trollius chinensis*，P54
金鱼藻 *Ceratophyllum demersum*，P51
筋骨草 *Ajuga ciliata*，P54
锦灯笼 *Physalis alkengi*，P77
荆芥 *Nepeta cataria*，P52
荆条 *Vitex negundo* var. *heterophylla*，P4
苦参 *Sophora flavescens*，P53
款冬 *Tussiligo farfara*，P52
蓝萼香茶菜 *Rabdosia japonica* var. *glaucocalyx*，P39
藜芦 *Veratrum nigrum*，P40
连翘 *Forsythia suspensa*，P38
辽东栎 *Quercus liaotungensis*，P4

铃兰 *Convallaria majalis*，P52
六道木 *Abelia biflora*，P4
龙葵 *Solanum nigrum*，P51
龙牙草 *Agrimonia pilosa*，P52
马齿苋 *Portulaca oleracea*，P51
马蔺 *Iris pallasii* var. *chnensis*，P53
麦冬 *Ophiopogon japonicus*，P60
曼陀罗 *Datura stramonium*，P53
毛黄栌 *Cotinus coggygria* var. *pubescens*，P52
毛叶丁香 *Syringa pubescens*，P53
美蔷薇 *Rosa bella*，P53
米口袋 *Gueldenstaedtia multifora*，P53
牡蒿 *Artemisia japonica*，P52
南方红豆杉 *Taxus chinensis*，P53
牛奶子 *Elaeagnus umbellata*，P15
牛尾蒿 *Artemisia subdigitata*，P39
牛膝 *Achyranthes bidentata*，P51
欧当归 *Levisticum officinale*，P52
披针叶苔草 *Carex anceolata*，P31
蒲公英 *Taraxacum mongolicum*，P52
漆树 *Toxicodendron verniciflum*，P15
茜草 *Rubia cordifolia*，P39
羌活 *Notopterygium forbesii*，P53
鞘柄菝葜 *Smilax stans*，P15
秦艽 *Gentiana macrophylla*，P53
苘麻 *Abutilon theophrasti*，P51
三裂绣线菊 *Spiraea trilobata*，P4
桑 *Morus alba*，P52
沙参 *Adenophora stricta*，P53
沙棘 *Hippophae rhamnoides*，P52
山合欢 *Albizia kalkora*，P52
山核桃 *Juglans mandshurica*，P3

山荆子 *Malus baccata*，P15
山葡萄 *Vitis amurensis*，P53
山桃 *Amygdalus davidiana*，P15
山楂 *Crataegus pinnatifida*，P15
山茱萸 *Cornus officinalis*，P60
商陆 *Phytolacca acinose*，P53
射干 *Belamcanda chinensis*，P52
升麻 *Cimicifuga foetida*，P31
石竹 *Dianthus chinensis*，P52
匙叶栎 *Quercus baronii*，P53
手参 *Gymnadenia conopsea*，P52
鼠李 *Rhamnus davurica*，P15
栓皮栎 *Quercus variabilis*，P4
天门冬 *Asparagus cochinchinensis*，P52
土庄绣线菊 *Spiraea pubescens*，P15
王不留行 *Vaccaria segetalis*，P52
委陵菜 *Potentilla chinensis*，P39
卫矛 *Euonymus alatus*，P15
五加 *Acanthopanax gracilistylus*，P53
蟋蟀草 *Eleusine indica*，P51
习见蓼 *Polygonum plebeium*，P51
香附子 *Cyperus rotundus*，P51

香蒲 *Typha orientalis*，P52
香薷 *Elsholtzia ciliata*，P52
小叶鹅耳枥 *Carpinus turczaninowii* var. *stipulata*，P15
小叶鼠李 *Rhamnus parvifolia*，P15
缬草 *Valeriana officinalis*，P53
旋花 *Convolvulus arvensis*，P51
鸭跖草 *Commelina communis*，P52
盐肤木 *Rhus chinensis*，P52
野艾蒿 *Artemisia lavandulaefolia*，P52
野百合 *Lilium brownii*，P54
异叶败酱 *Patrinia heterophylla*，P54
淫羊藿 *Epimedium brevicornum*，P54
油松 *Pinus tabulaeformis*，P4
榆 *Ulmus pumila*，P15
玉竹 *Polygonatum odoratum*，P52
远志 *Polygala tenuifolia*，P60
早熟禾 *Poa annua*，P39
知母 *Anemarrhena asphodeloides*，P60
猪苓 *Polyporus umbellatus*，P60
紫背天葵 *Begonia fimbristipula*，P121
紫苏 *Perilla frutescens*，P108